「自動運転」革命

ロボットカーは実現できるか？

小木津武樹
Ogitsu Takeki

日本評論社

200年ぶりの交通革命が訪れる

2016年のとある日常

筆者は今、大学に向かう電車に揺られながらこの文章を書いている。都内にある自宅から群馬県桐生市にあるキャンパスまで約2時間半。今日は朝一番から担当授業がある。昨日は友人と遅くまで飲み明かしてしまい、気怠《けだる》さを引きずったまま自宅を飛び出した。自宅から駅までは徒歩で15分。自転車を使いたいが、あいにく今日は雨。ズボンの裾を濡らして歩いて不快感満点の中、乗り込んだ電車は満員。むせ返るような湿気た電車の臭いと、二日酔いで気分は最悪だった。しかし、北千住まで我慢すれば、そこから先の電車は大抵座れる。今日も座れて幸い隣もいない。そこで、一息ついてパソコンを開いたのだ。

電車が混んでいて何もできないとき、決まってある想いに耽《ふけ》る。

「もっと楽に移動ができたらいいのに！」

あるときは、自家用車で通うことを考える。この方法については実際に何回も試した。

結論は、電車より辛いということである。所要時間は3時間。そのほとんどは渋滞である。その間は何もできない。そして高速代と燃料費は電車賃より高い。やっぱりだめだ。

もういっそ、空を飛んでしまおうか。昔、レンタル屋で借りた映画で、ジェームズ・ボンドがジェットエンジンを背負って敵のアジトから脱出していた。あれを使えば通勤も快適だ。でも、メンテナンスが大変そうだし、燃料費は高そうだし、故障が怖い。やっぱりだめだ。

そして一通り想いが巡った後、自動車の自動運転化を考える。筆者は大学時代から一貫して自動車の自動運転に関する研究を行ってきた。もう少し詳しくいうと、自動運転のその先の技術を指向して、人間の運転能力を超える自動運転を、複数の自動車を協調させて実現する研究を専門としてきた。そのため、自動車の自動運転化が抱える事情や課題とはつねに向き合う立場にあるのだが、今は電車のストレスから逃げることが主目的であるので、それはひとまず忘れることにした。

夢の完全自動運転車

自動運転化された自動車にはさまざまな呼び方がある。日本語ではロボットカー、考えるクルマ、ドライバーレスカー、自動運転車などと言われるし、英語では、Automated Vehicle, Unmanned Vehicle などがある。本書でも触れることになるが、実は自動運転という言葉の定義は非常に不明瞭で、語る人間の立場やビジョンの違いでかなり定義が異なるにもかかわらず、使用する人が非常に多い。ロボット、考える、ドライバーレスも同様であり、読者を混乱させてしまうであろう。そこで、ここでは「完全自動運転車」を用いたい。完全自動運転車の定義を、「目的地と到着時刻を条件として、動作の開始を指示するだけで、目的地まで人の操作を必要とせずに車輪を回転させて進むもの」として話を進めたい。

完全自動運転車は自動車ではない

皆さんは、自動車という言葉にどのようなイメージがあるだろうか。自動車にあまり詳しくない人でも、だいたいのイメージは共通しているはずだ。自動車はタイヤが付いた箱のようなもので、エンジンに代表される駆動源を持つ。さらにはその箱には大きな窓が付いていて、中には座席が前向きにいくつかあって、その一つが運転席で、ハンドル、アクセル、ブレーキ、スピードメーターなど、運転に必要なモノがたくさんついている。箱の外には、やはり運転するときに使ういくつかのランプが前後左右にあり、鏡もついている。

　では、完全自動運転車だとどうなるか。前述のように、目的地まで人の操作を必要としない。つまり、人が運転するために必要なものの一切が不要である。すると驚くべきことに自動車との共通点は、タイヤが付いた箱のようなもので、エンジンに代表される駆動源を持つ点しかない。運転が必要ないのだから、ハンドル、アクセル、ブレーキはもちろん必要ない。窓も基本的には要らない。自動車にたくさんの窓がついているのは、外の景色を眺めたいからではなく、運転者が周囲の安全を確認するためである。これも必須ではない。つまり、自動車が「自動車らしい形」をしているのは、実は人が運転をするために必要だからである。

　一方、完全自動運転車にとって必要なのは、目的地と到着時間を設定するコンソール（操作卓）と、運転開始、停止のボタンくらいで、「完全自動運転車らしい形」というものはない。目的地までの道路が通行可能で、他の交通を妨げなければ、どんな形をしていても良いのだ。

完全自動運転車は移動スタイルを破壊する

今までの自動車は人が運転するという前提で、人々が抱く理想の移動スタイルを体現している。たとえば、運転をするという制約を受けながらも、家族全員で移動したいという夢を体現したワンボックスカー。静かで乗り心地を追究した大人向けのラグジュアリーカー。どうせ運転をするのなら思い切り運転を楽しみたいという人の夢を体現したスポーツカーなどいくつかのタイプが存在する。

一方、完全自動運転車は運転することから解放されるため、人々の移動スタイルはより自由で多様性をもつことができる。筆者は自動車を運転することは大好きだが、運転よりもやりたいことはたくさんある。平日の朝は、少しでも長く寝ていたいし、目が覚めたら缶コーヒーではなく、コーヒーを豆から挽いて蒸らしてからゆっくり抽出して、いただきたい。そして挽き立てのコーヒーを片手に、スマートフォンではなく、机に向かってパソコンでメールをチェックしたい。帰り道は、繁忙期は少しでも仕事時間を長くするために、家に到着するまで机に向かってパソコン作業をしたいし、同僚や友人と飲んだ日は、横になってテレビでも見ながら家に帰れれば、最高である。

筆者は、移動量が休日より平日の方が多いので、平日の快適性を優先したいが、休日は、移動中も家のリビングのようなスタイルで家族の団らんができたらなお良いだろう。完全自動運転車は移動というより、生活そのものという言葉が似合う。

筆者のマイ完全自動運転車には、車内には折りたたみベッドと40インチくらいの壁掛け液晶テレビ、コーヒーセットが収納できる程度の棚と、折りたたみできる机と椅子を置くだろう。休日用に、折りたたみベッドがソファに変形するなら申し分ない。自分が運転しないなら、車格を大型貨物車クラスにして、折りたたまない上質のベッド、ソファや机を置き、トイレやキッチン、バスルームを備えても良いが、都内の住宅街の道は物理的に通れないだろうから、大型ワンボックスカークラスの車格くらいに収めたい。外の眺めよりプライベート空間と空調効率を優先したいので、窓は小さくていい。車の外観より、車内空間を優先したいので、四角い外観のものを選ぶだろう。必要なコンソールとボタンはどうするか。その程度の機能は、車内の壁掛け液晶テレビにすべての機能が内蔵されている。皆さんなら、この「移動するワンルーム」をどのようにデザインするだろうか。きっと皆さんの描くどんなわがままな移動スタイルにも、完全自動運転車は応えてくれるだろう。

完全自動運転車を自動車の延長線上として考えてはならない

さて、皆さんには、完全自動運転車というものの片鱗を感じていただけたことだろう。ただ自動車の運転が不要になっただけでなく、皆さんの生活様式までも一変させる力を持つ。当然そこには大きなビジネスチャンスも存在する。

ただ一方で、今の自動車との間には大きな乖離を感じるのではないだろうか。少なくとも2017年現在では、完全自動運転車は一部の実験用車両を除いて、公道を走行することはできない。公道での走行を許された実験用車両も、これまでに説明したような形にはほど遠く、あくまで既存の自動車を改造したものがほとんどである。そのため、完全自動運転車は自動車の延長線上にある乗り物だと勘違いしてしまうかもしれない。

しかし、ここではっきりさせておかなければならないことは、完全自動運転車はまったく新しい乗り物だということである。構造上、自動運転用の装置を取り付ければ、今あるすべての自動車は完全自動運転車になり得るが、そもそも今の自動車の形をする必要がない。それはこれまでに説明したように、今の自動車にはないさまざまな素質があるため、今の自動車の形だとその素質を十分に活かしきれないからである。

近年では来る変革に向けて、自動車メーカー、政府、専門家、ジャーナリストなどが、競うように「自動車の自動運転化」の将来ビジョンを描いている。それは、単に自動車の部品が変わるという話しではなく、自動車の概念の枠組みから飛び出して、社会の様相までも一変させる可能性を秘めている。自動車の将来ビジョンを描くのは、自動車メーカーが最も得意とすることだ。しかし、完全自動運転車という、自動車の延長線上の存在ではないまったく新しい存在の将来ビジョンを、自動車メーカーが描いたところで、それが正しいものである保証はない。

そして、政府やジャーナリストなどが描く将来ビジョンの多くも、自動車の自動運転の将来は今の自動車の先にあるという考えを前提としている限りにおいて、やはり正確ではない。完全自動運転車は、新しい技術であり、産業であり、今の社会の先に成り立つものであり、自動車の枠組みにとらわれている限り、将来ビジョンを他より優位には描けないのだ。

完全自動運転車のための将来ビジョン

本書は、完全自動運転車という新しい乗り物が、自動車によって作られた既存の枠組みを破壊して、技術、産業、社会それぞれに革命を起こす可能性について描く。ＨＶ（ハイブリッド自動車）、ＰＨＥＶ（プラグインハイブリッド電気自動車）、ＦＣＶ（燃料電気自動車）、運転支援、そして自動運転。これらは、近年話題の自動車の過去、現在、未来の革新技術である。そして、完全自動運転車の誕生は、人間社会と機械の関わり合いにも革命を起こす。本編で見ていくように、現在の社会の枠組みが、完全自動運転車の誕生に大きな障壁となっている。しかしこれは完全自動運転車に限ったことではなく、知能機械（状況を認知・解析し、何をなすべきかを決め、それを実行に移す能力を備えた、高い知能と自律性を持つ機械）全般にいえることなのだ。現代の知能機械は、もはや人間の知的能力を超えた知的労働を遂行することができるようにまでなった。知的労働とは、何らかの情報を入力し、その情報を基に判断を下して、何らかの出力をする労働である。

人間の認知、判断、操作を代替する自動車の自動運転も、機械による知的労働の一つといえる。一方で、現在の社会では、機械の仕事は、突き詰めれば必ず一人の人間の責任に帰属しなくてはならない。これは機械が人間の知的能力より低いことが前提であれば成り立つ。しかし、人間の知的能力を上回る知能機械は、完全自動運転車に限らず、それらの機械を扱う社会の枠組みそのものを変えていかないと、今後の技術発展は望めない。

いささか空恐ろしい話ではあるが、いくつかの機械技術はすでにその革命を望んでおり、日本が国際競争を勝ち抜く上では不可避な状況にある。そして完全自動運転車の誕生が革命を現実のものとして、現在の人間社会の枠組みを破壊する立役者となり、将来の機械の技術発展のステージを変えていく。

本書を手にとっていただいたということは、おそらく自動車の自動運転化、あるいは完全自動運転車に対する将来ビジョンに何らかの関心をお持ちのことと思う。本書は、これから将来ビジョンを新規に確立したい方、ご自身の将来ビジョンを強化したい方、あるいはすでに確固たる将来ビジョンをお持ちの方のすべてに向けて書かれている。

たとえご自身の将来ビジョンで、自動車の自動運転化は実現しない、自動車の産業構造は変わらない、ましてや社会の枠組みは変わらない、と本書の将来ビジョンに疑念をお持ちの場合でも、是非一度は読み進めていただきたい。なお、本書は専門外の人にも向けているため、専門的な内容は極力排してわかりやすさ重視で説明したので、さらに詳しく、正確に知りたい場合は、他の専門書を読むことをお勧めする。

今、自動車の自動運転化の流れで一番足りていないことは議論である。少なくとも本書は、自動車の自動運転化が人間社会に影響を及ぼすと主張する。自動運転という技術の登場による社会の行く末の意志決定を行うためにはまず、国民全体の議論の場を広く用意することが、その分野に携わる人の務めであると考え、執筆を決意した。

本書をきっかけに、完全自動運転車の、ひいては知能機械の将来に対して多くの議論が生まれてくれれば幸いである。

小木津　武樹

２０１７年１月

目次

第7章　自動運転の未来　165

第1章 「自動運転」という社会変革

自動運転によるイノベーション

自動運転車が従来型の車と並んで街中を走るようになる日も近いと言われている。はたして、自動運転車が実現したらどのようなことが起こるか、そして、実現のための課題について考えてみたい。今、さまざまなプレイヤーがいろいろなかたちで自動運転車を実現しようとしているが、これまで自動運転にかかわってきた研究者としての視点から、各プレイヤーのどういうところが強いのか、また弱いのか。筆者ならどういうところをベストと考えるかを紹介しよう。

まずこの章では、自動運転について筆者が考えていることを簡単に述べたい。

2000年初期までは、日本でいえばトヨタ自動車をはじめ、日産自動車、HONDA（ホンダ、本田技研工業）といった自動車メーカーが運転支援というカテゴリーで、自動車を車載コンピューターが代わりに運転する機能の先端技術研究の一部としてのみ自動運転を取り扱っており、大学のアカデミックな研究色が強かった。しかし、自動運転の持つ社会変革の可能性とIT技術に近い性質に目をつけて、IT企業を中心にベンチャーを含めた多種多様な企業が自動車産業への進出を実現しようと躍起になっている。

ここでキーワードになるのが「2020年」という年だ。その数字に大きな意味はないが、最近になって自然と2020年を自動運転技術の節目として捉えるようになった。日本においては、2020年は東京オリンピックの年で、先の東京オリンピックが技術革新の節目となったことも影響している。いずれにせよ、2020年までにどういった自動運転をめざすのかを、多くの主要プレイヤーが注目している。その点で2020年までに最も分かりやすい合理的な自動運転の概念を示した企業がその後の自動運転の覇権を握っていくだろう。

いろいろな技術がある中で、自動運転はイノベーション力を持った技術といえる。筆者は、その力はスマートフォンと同じくらい大きなものだと考えている。スマートフォンは、もともとは携帯電話の延長線上にあり、さらにさかのぼると固定電話だったわけで、通話

図１　グーグルが開発する自動運転車

をするための機械、遠くにいる人と話をするための道具として存在していた。それを携帯し、いつでもどこでも話ができるというのが携帯電話の価値であった。ところがスマートフォンが生まれたことで、通話だけでなく、ＳＮＳなどの新たなコミュニケーション手段を提供したり、インターネットを使っていろいろな情報を得たりする手段となり、「携帯電話」にはなかった新たな価値やニーズを生み出した。

固定電話や携帯電話というくくりでいくと、日本では力を持ったいくつかの家電メーカーが主導権を握っていた。それが、スマートフォンが登場した途端、一瞬にしてその主導権を奪われてしまった。アップルやグーグルがスマートフォンを「携帯電話」の延長線上ではなく、まったく新しいコミュニケーションデバイスとして売り出したことで、携帯電話メーカーはアップルやグーグルのビジョンに合わせて製品を作るような立場になってしまった。これにより携帯電話メーカーの利潤は減り、業界からの撤退や事業規模の縮小といった苦境に立たされている。同じようなことが自動運転というキーワードで自動車業界でも起こり得ると、筆者は考えている。

運転と空間の分離

今までの自動車の価値は「運転」と「運転以外」のバランスによって決まってくる。「運転」に価値を感じる人に向けては、スポーツカーのように「運転以外」の価値を削っても「運転」に価値を集中させるし、ファミリー向けのように「運転以外」の価値を重んじる場合は、いかに楽に運転するかというところが大きな価値となる。今の自動車に装備されつつある運転支援システムは、まさに運転を楽にするための技術として開発されてきた。ところが、さらに進んで完全な自動運転車が世の中に出てきた場合、その価値がまったく変わってしまう。それほどの影響力があるのだ。走る楽しさや、なるべく楽に運転するための支援システムではなく、本質的に自動車の「あり方」が変わってしまう。

では、どのように変わるのか。「運転からの解放」といってしまうと一つの視点でしかないが、「運転と空間の分離」が大きなテーマになってくるだろう。今まで自動車は運転をするための空間であった。運転をするためにハンドルがあり、運転をするためにアクセル、ブレーキがあって、運転をするために窓がつき、ミラーがついているという環境がつくられていた。あくまでも運転することを前提に、そのなかで楽しみましょう、というような発想で空間がつくられていた。

ところが自動運転になると、その考え方とはまったく別のものになる。運転が分離されるので、車は人や物が移動するための真のニーズに応える空間になる。詳しくはあとで説明するが、その人のライフスタイルに合った空間を運転という作業に支配されずに構築することができる。物についてもそうで、単に物を運ぶのに最適化された空間をつくることができるようになる。

空間は利用者にとっての価値になるが、実は移動の機能の面でも自動運転の価値が出てくる。今まで車は、人間が運転するという前提にとらわれていた。人間が運転するからこそ現在の形になり、現在の性能なのである。けれども、自動運転になって人間の運転技術に配慮する必要がなくなると、いろいろなことができるようになる。こうした前提がなくなり、人間を考えなくても良い運転ができるようになることも、自動運転の大きな価値の一つになるだろう。

どんな可能性があるか

では、どのようになっていくのだろうか。いろいろな可能性があるが、主に3つだと思っている。まず、「居住性」に特化した乗り物が生まれてくるだろう。次に「経済性」に特化した乗り物、そして最後に、「娯楽性」に特化した乗り物である。

順に説明していくと、まず居住性に特化した乗り物とは、生活する空間がそのまま移動するという考え方である。たとえば、移動するホテルや移動するオフィスである。会議室がそのまま移動すれば、会議をしているあいだに次の目的地に到着することができる。自分の勤務地が遠くにあった場合、今までは電車に揺られて大変な思いをしていたが、その必要はなくなり、自動運転車にベッドを置いておけば寝たまま運ばれて、起きたら会社に着いているということも実現できる。

そうすると、ビジネスのかたちも大きく変わっていくだろう。

空間が移動すると、たとえば移動するレストラン、移動する床屋さんなど、あらゆるビジネスと移動を組み合わせることができる。運転する必要がなくそこが居住空間だと、移動する店舗も登場し、新たなビジネスが形成されるという意味でも、イノベーションの力は計り知れない。

次に経済性に特化した乗り物だが、現在は人が運転するためにタイヤはあの太さになっていて、運転するために窓が必要で、そのために空気抵抗を下げられずにいる。自動運転になった場合、空気抵抗がいちばん低いかたちで車を設計することができる。またタイヤも、人間が運転するからこそ、大きな安全マージンを取っている。自動運転になれば常に安定した運転になるため、転がり抵抗を積極的に下げることができる。自動車を構成する部品も減らすことができるので、製造コストも下がっていくだろう。これらによって、既存の自動車より経済的に走ることができる自動運転車ができる。

より経済性に特化した例としてわかりやすいのは、人件費のかからない物流サービスである。人件費だけではない。今、物流業界は高齢化が進んでいて、物流に携わる人材の確保が大きな課題になっている。そこに自動運転車が登場すると、人材を確保する必要はなくなり、自動で走らせることで人がかかわらない物流サービスを構築することができる。単に人を減らすだけではない。すべてがコンピューター上で計算されて最適な走行を計画することができるので、人件費を減らすだけではなく、さらなる効率化が図れるのが自動運転のもつ大きな価値の一つになる。

これはおまけみたいなものだが、娯楽に特化することもできる。自動運転の強みは再現性にあるので、たとえばどこかのサーキットにコースレコード（コースの中で記録された最速タイムのこと）を持っていって、そこで記録を狙う走行を再生することができる。運転のスキルがなくとも、最速の環境を味わうことができるのだ。それをしたい人が多いかどうかは別として、エンターティンメントの一つとして当然ありうる話である。

あるいは空間（キャビン）と移動する部分とが分離されることによって、空を飛んでもいいということになるかもしれない。飛行制御はしなければならないが、キャビンでは何をしていてもいいので、ひもをつけて凧のようにキャビンだけが空を飛んでいくということも十分考えられる。空間と運転とが分離されることで、車の価値が多様化して、われわれが思ってもみないような生活やビジネスが生み出される可能性を秘めているのである。

次世代自動車の完成図を描け

このように、自動運転が実現すると、自動車産業の既存のイニシアティブの多くは通用しなくなる。どういう価値が生まれるか分からないという点ではスマートフォンに近く、よりセンスのよい次世代の自動車の完成図を描ける会社こそが、自動車産業のトップに君臨し、そこが描いたビジョンに合わせて既存の自動車メーカーが車両を開発するような、そんな世界が出来上がる可能性がある。

自動車大国である日本は、とくにこの危機を深刻に受け止めなければいけないというのが筆者の言いたいことだ。日本でもこうした企業を早いうちから育てて、自動運転の持つ真のニーズを見極め、よい車づくりができるようなセンスを磨いていかなければいけない。これは自動車メーカーに限ったことではない。

こうした流れの中、自動運転車をつくるために外せない技術を持った会社を育てていかなければならない。黎明期の今、この技術を押さえてしまったらどうしようもない、という技術を開発し、特許を取得して、主導権を握っていくことが求められている。

さらに、自動車とまったく関係のない企業がキープレイヤーになることもありうる。今までの自動車の常識にとらわれないことこそ、自動運転のプレイヤーになりうる素質でもある。また、自動車産業という巨大な市場をさらに拡大できるという意味でも、自動車と関係のない企業が入ってくることは重要だろう。日本全体として、いま自動車に関わっているか関わっていないかに関係なく、より多くの人が自動運転を考えていかないと、日本は危ない。

「究極の移動」に迫る

自動運転は重要だ、自動運転は自動車メーカーだけで考えるのではなく、日本全体で考えていかなければならないと述べたが、では、どう考えればいいのか、どういうことが考えられるのか。

それには、移動ということを根源的なところから考え直す必要があるだろう。究極の移動とは何か。個人の価値観にもよるが、それは「どこでもドア」であろう。「どこでもドア」とは『ドラえもん』に登場するひみつ道具の一つだが、ドアを開けた瞬間に目的地に着いている、「移動時間0（ゼロ）」の装置である。筆者は、自動運転車を現代版の「どこでもドア」だと考えている。

リビングにいた家族が、「ごはんを食べに行こう」、「あそこのお店がおいしいと聞いたわよ」、「じゃあ、行こう」となったときに、どこでもドアがあれば、そのドアを開けた瞬間にお店の中に入れるというような状態、つまり「移動時間0」というものだ。

今の世の中だとどうだろう。リビングにいて「じゃあ、行こう」となったら、ドアを開けて車に乗り、数十分移動してようやく目的地にたどり着く。この間、パパやママが運転をしなくてはいけない。また、その空間は運転に支配された空間なので、そこでの過ごし方は、ある程度限定される。

一方、自動運転車はどうだろう。極端な話、リビングそのものが車であればいい。自動運転車で「どこかへ行きましょう」という話になれば、目的地をセットするだけでいい。後はその空間で自由に過ごしていればいい。リビングなのだから寝ていてもいいし、おもちゃで遊んでいても問題ない。テレビゲームをやっていてもいいし、ソファで寛ぐこともできる。数十分が経過したところでドアを開けると、そこはもうお店の前だ。移動しているから外に出られない時間はあるが、今までよりも格段に自由に過ごすことができる。ドアを開けて0秒という点で考えると、やはり「どこでもドア」だろう。これが自動運転の本質的な価値の一つである。

ここまでの話だと、当然、多くの読者は「ああ、どこでもドア、欲しいよね」となるだろう。

では、走る楽しさはどうか。今までは移動という制約があったために、ある意味で我慢しなくてはいけなかったが、完全な趣味になるだろう。しかし、こうした走るのを楽しみたい人は、いま車離れが進んでいることからすると、あまり多くないかもしれない。むしろ、自分の空間で好きに過ごしたほうがいいという人が多いだろうから、走る楽しさは

「どこでもドア」の前では価値を大きく損なってしまう。自動車メーカーが作ってきた自動車の延長線上に完全自動運転車はないというのは、そういったところにある。

自動車メーカーは覇権を握れるか

そういったまったく新しい分野である自動運転だが、その中で覇権を手にするのはどこか。自動車メーカーだろうか。それは、自動車メーカーがどういった強みを持っているかを考えると見えてくる。

自動車メーカーは、自動車を製造する技術では優れている。コストをかけずに、手早く多くのものをつくっていく技術が、第一にあげられる。さらに、自動車を人が運転するために必要な技術がある。人間が運転しやすいようにエンジンをつくっていくにはどうすればいいのかというのがそれだ。また、人が走る楽しさを感じるにはどうすればいいかという技術も必要となる。

これらが完全自動運転にどれだけ役に立つだろうか。まず、自動車を製造する技術は部分的には役に立つ。ただ、完全自動運転車は今までの車のような形をしていないので、当然見直しを迫られる。移動を経済的に行う場合と、居住性を高める場合とでは車の形が大きく変わってくる。どちらも今の自動車と同じ形をしていないはずだから、製造技術も今までどおりに使えるわけではなく、変更しなくてはならない。また、人が運転するために必要な技術や運転する楽しさを感じるための技術は、役に立たなくなってしまう。

既存の自動車メーカーは、これまで莫大な蓄積量があるがゆえに逆に、こうした完全自動運転車では主導権を握るような技術へ方向転換を図るうえで、非常に大きな足かせになるだろう。

その意味で、世界最大の自動車メーカー（トヨタ、日産、ＨＯＮＤＡ、ＢＭＷ、メルセデスベンツなど）は、どういう方向へ進めばいいかを決めあぐねている。完全自動運転をやらないと言ってみたり、やると言ったり、どういうかたちにするかという軸が定まらないように見えるのは、まさにこうしたことが理由なのである。

関連した話題をもう一つあげておこう。自動車というのは、基本的に出発地と目的地が決まっていないため、技術的な開発のハードルが高い。自動車が持っている本質的な能力ゆえにそうなってしまうのだが、現在の自動車が行けるすべての場所に自動運転車で行こうとすると、非常に難しい。これはあとで詳しく説明したい。

IT企業の強みと弱み

次に重要な位置を占めているのがＩＴ企業だ。最近は自動運転イコールＩＴ企業のようにいわれ、業界を牽引している存在のようだが、はたしてＩＴ企業が最終的な勝者になるのか。

ＩＴ企業はどういう強みを持っているのだろう。一つは、ソフトウェアを開発する技術である。また、膨大なデータを集積してそれを活用する技術も持っている。最近、ディープラーニング（深層学習）というキーになる技術が開発され、人工知能が大きく注目されるようになった。このディープラーニングは、まさに膨大なデータを活用して課題に対する答えを導き出すという人工知能のアルゴリズムの一種である。しかし、自動運転はディープラーニングが必ずしもマッチしない。課題の答えは導出できてもその答えに至るロジックが分からないからである。ディープラーニングで、危険性を識別できたとしても、新しい何かが出てきたとき、あるいは別の新しいところを走ったときに、それを１００パーセント識別する保証はまったくない。これが、人工知能技術と自動運転とのミスマッチな部分である。ただし、自動運転においても、たとえば経路計画や車両を利用したサービスなど、交通事故の要因となるような運転に直接かかわらない部分には大変有用であることを付け加えたい。

自動運転は、人を乗せ、命を預かって走るものである。その点において、これからも変わらないのは、絶対に人を傷つけてはいけない、つまり、事故を起こしてはならないという大前提である。それを保証できるようなロジックをきちんと示さなくてはいけない。

つまり、アルゴリズムは極めてシンプルで分かりやすく、ソフトウェアの構造も小さくなくてはいけない。この分かりやすいかたちで完成させたソフトウェアが、自動運転のソフトウェアとして採用される。この点においては既存の自動車メーカーや関連企業が強く、必ずしもＩＴ企業が自動運転のトップに君臨する力があるというわけではない。

ＩＴ企業にとって本当に重要なところはその先にある。自動運転になってその空間が自由に使えるようになった瞬間に、エンターティメントなりインフォメーションなりを与える技術――ＩｏＴ（モノのインターネット化）――という部分にＩＴ企業の大きな強みがある。そういったところを提供するのが本質的な部分になるだろう。

ＩＴ企業も出発地と目的地が決まっている自動運転を簡単につくれるわけではないので、技術的ハードルは高い。また、自動車メーカーが持っていてＩＴ企業が持っていないものは、車をメンテナンスするネットワークだ。自動運転でもメンテナンスはとても重要である。そういったネットワークを持っていないIT企業は、自分の力だけで自動運転を実現するのは厳しいといえるだろう。

危険を認識する技術

すでに述べたように、あらゆる場面ですべての危険を認識する技術は極めて難しい。完全自動運転を実現するにはあらゆる場面ですべての危険を認識する必要がある。この技術がいま一番の課題になっている。逆にいえば、すべての危険を認識できることを保証するアルゴリズムができれば、制御も判断する部分も、完全な自動運転車の技術という点ではかなり進むので、自動運転の実現は一気に近づく。はたしてそれは実現するのか。

運転の環境が定められないなかで、100パーセントの安全性を保証するのは極めて難しいというのが筆者の考えだ。道路整備が行き届いている都市部で走行することは、ある程度、道路状況が決まっている。けれども、あらゆる場面ということになると、山間部の峠道も考慮しなくてはいけない。峠道と市街の道路とでは危険の要素はまったく変わってくる。さらに、日本にはないが、大陸を横断するような場合、周りが広大な平地や荒野や砂漠だったりするが、そんな環境ではそれぞれ違った危険要素がある。あらゆる場所で自動運転を使えるようにするには、これらすべてに対応できる認識技術を確立しなくてはならず、これは非常に難しい。研究は進んでいるが、解が出ていないのが現状で、この技術が開発されるのを待たなければならないのである。

では、これができなければ自動運転は実現しないのかといえば、そうではない。100パーセント安全ではないというのならば、ドライバーの補助といった役割で自動運転を実現することはできる。しかしそれは今の運転支援システムの高度化にすぎない。

完全自動運転への高いハードル

筆者は、運転支援からの段階的な高度化の難しさを十年以上前から感じ、主張している。それはどういうことか。ここに慶應義塾大学・大前学ら(1)の行った実験がある。被験者に「自動運転の車に乗ってください」と言う。「この車はまだ完成していないので誤動作する可能性があります。ですからきちんと見張っていてください」といって乗ってもらう。実際には遠隔操縦で安全は担保してあるのだが、そういった条件で実験を行うと、被験者は数分から数十分ぐらいならシステムにエラーが起きないかどうかを監視することができる。しかし一時間を超えると、多くの人が監視に飽きてきて、さらにシステムを過信してしまい、監視する能力が著しく低下してしまう。

図2のように、足をきちんと揃えて構えている場合と、足を組んでしまっている場合がある。それはデータとしても顕著に出てくる。一時間ももてば、ほとんどの人が車の監視に興味がなくなり、ほかのことをしたくなってしまう。これが運転支援型の自動運転の実態である。監視をすることはやはり楽しくない。今までは、走る楽しさがあって車の価値が存在していた。自動運転はその楽しささえ取り上げて、監視という業務だけにしてしまうため、極めて単調で面白くない。しかも、この問題は自動運転の機能が高度になればなるほど顕在化する。さらに加えて運転支援型は車が自動運転を継続するための負担を人間に負わせる。たとえば居眠りしたらシートが振動したり、よそ見したら警報が鳴ったり、というように、ドライバーの監視を続けさせるために、運転以外の負担をかける。それなら、自動運転にするより自分で運転したほうが楽しい、となってしまうのだ。

さらに運転支援型ではドライバーの運転環境を考慮せねばならず、前述したような自動運転の車が持つ真の価値が発揮できず、社会に受容されるほどの力を出せないと考えている。

つまり、運転支援型からの段階的な高度化は厳しいというのが筆者の意見である。自動運転が抱える課題はまだある。先ほど自動運転ではあらゆる危険の認識は難しいと述べた。

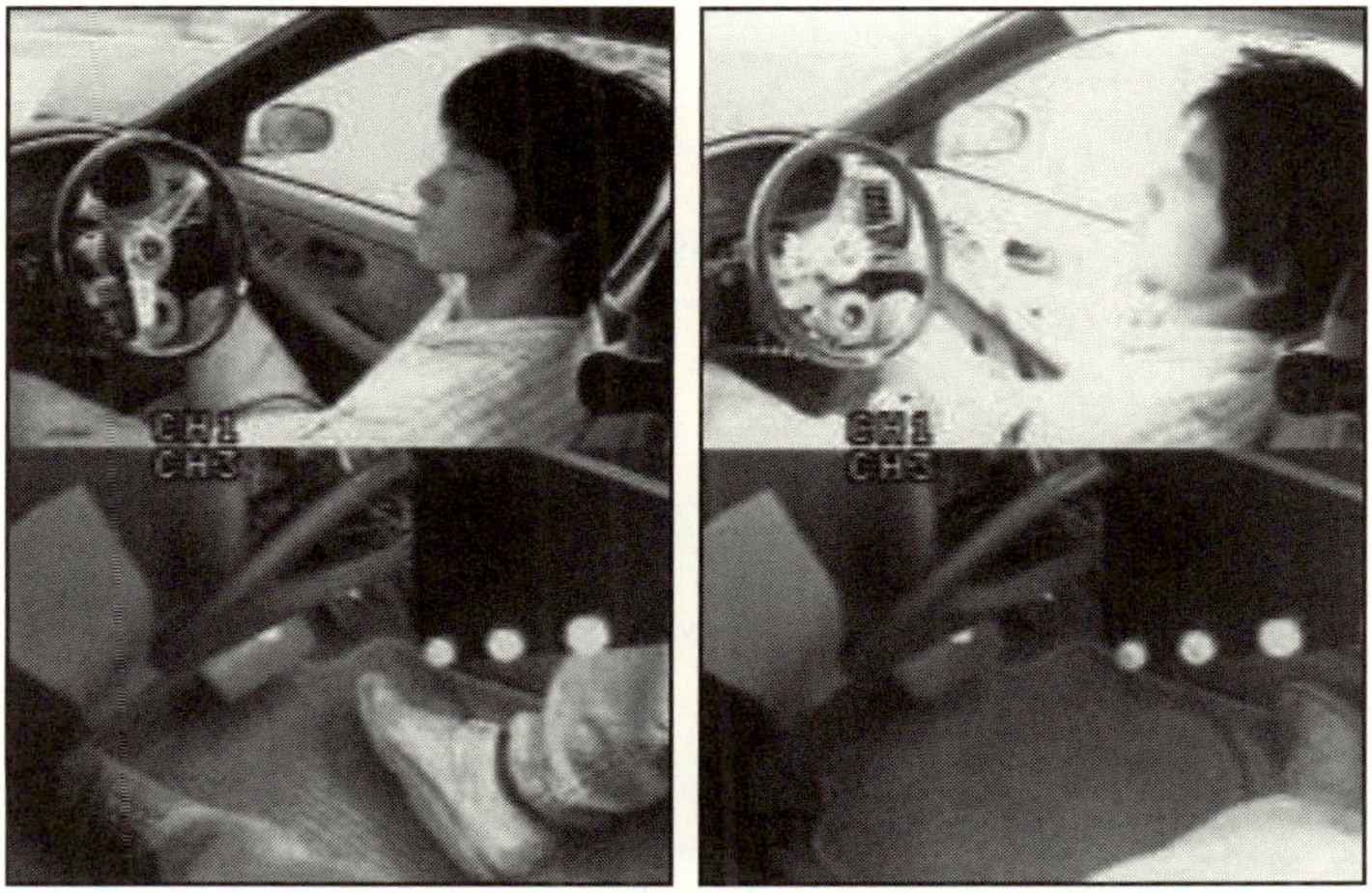

図２　高度な車両制御はドライバーの過信をまねく。自動運転＋遠隔操縦システムにより自動運転中のドライバーの挙動を評価。左図が実験開始５分後に異常が発生。右図が実験開始後60分後に異常が発生。右図（下）では足を組んでいる（大前学氏提供）

しかし、これは技術的課題であるため、仮に課題が解決するものとしよう。ただしその実現は、さまざまなセンサーを載せた、完全無欠のスーパー自動運転車が必要なはずだ。２０００年初期に行われたＤＡＲＰＡ（米国国防総省）のレースのような、あらゆるセンサーを載せ、数千万円から数億円をかけたシステムを構築して、ようやくスーパー自動運転車ができ上がったとしよう。（図3参照）。しかし、数億円で自動運転車を買うのなら、運転手を雇ったほうがいいということになってしまう。

それでも、仮にこのスーパー自動運転車を買う人がいたとしよう。しかし、買ったらそれで終わりではない。自動運転車は車外を監視するセンサーの多くはデリケートで、汚れや傷、その他不具合を常にメンテナンスし続けなければならない。これは、たとえばエンジンオイルを入れ替えるよりも手間のかかるものとなるだろう。

前に述べたＩＴ企業や自動車メーカーが実現する自動運転の車は、このハードルを越えなければいけない。

より現実的な自動運転車を考える

このようにあらゆる環境に対応する自動運転は難しいと述べたが、地域や路線を限定すれば技術的なハードルが低くなり完全自動運転の導入を実現できると考えている。決められたルートだけを走行するのと、走行環境が不定とでは、１００パーセント安全に走行できる技術を開発する場合、圧倒的に前者が簡単である。そうすると、技術的なハードルがぐっと下がって現実的になってくる。また、走るところを制限するなら、必要なセンサーが少なくなり、コストも抑えられる可能性もある。

また、メンテナンスの問題を克服しなくてはならない。自動運転車はしっかりしたメンテナンスが必要だと述べたが、エンジンオイルの交換さえ億劫と思っている人が多いのに、もっと頻繁にディーラーに車を持っていかなければならないことになったら大変だ。最終

図3　どこでも走破することを目的とした自動運転車（http://www.cs.cmu.edu/~curmson/urmsonRobots.html）

的にはそれさえも自動化すればよいと思うが黎明期は、この手間を請け負えるところが大きな力を持っていくだろう。たとえば車は企業が所有して、メンテナンスは保証する。そして、利用者に使用料を払ってもらう。そういうかたちなら、企業側がやることは今までやってきたことと大差ない。だから完全自動運転車は、最初は個人が所有するのではなく、共同利用するかたちが主流になっていくと考えている。

運転する楽しみというのはこれまで自動車の価値を決めるうえで重要な要素とされてきた。一方最近では、運転する楽しみより、純粋に移動するための手段の一つとして自動車を捉える人が増えている。こうした傾向は都市部で多く見られ、カーシェアリングをはじめとした新しい自動車の利用形態が浸透しつつある。こうした人たちは、移動時間を運転する楽しさに充てるより、自分のニーズに合った他の使い方に充てることのできる移動手段のほうに、価値を見いだす人は多いはずだ。その意味でも、車両を共同利用するサービスのほうが、潜在的ユーザーを獲得できる現実的な自動運転車ということができるだろう。

完全自動運転車は過疎地域の交通手段となるのか？

自動運転を実現するためのアプローチはさまざまなかたちで存在する。その一つとして過疎地域に導入してそこから自動運転を広げていこうという動きである。果たしてその流れは正しいのか？　たしかに過疎地域では既存の公共交通機関は採算が取れず、次々と廃止されている現状にある。そのため運転能力が衰えてきている住民が無理をして（あるいは無理をしていると気づかずに）自家用車を運転し続けている。こうした中、完全自動運転車を導入すれば、ドライバーの要らない公共交通機関となり、高齢者が無理をしないでも移動ができるようになり、問題が解決されるように思える。また、システム開発サイドとしても過疎地域であれば交通も少なく、開発もしやすいと考えるだろう。しかしよく検討する必要がある。

過疎地域では、どのような交通手段が求められているだろう。まずは安価でなくてはいけない。そして、より楽でなくてはいけない。それらをクリアしたうえで、どこにでも行けるということが重要になってくる。

過疎地域を抱えているところは、地方自治体の財政状況は都市部に比べて芳しくない。だから、国の補助に頼った一時的な見世物ではなく、本当に持続可能な交通手段として根付かせるためには、なるべくローコストでなければならない。

さらに、過疎地域は高齢者の比率が高いので、「ラストワンマイル」の移動にも気をきかせるべきである。「ラストワンマイル」とは、バスなどの公共交通機関の停留所から自分の家の前までへの移動のことをいう。もちろん自宅とバス停の間だけでなく、バス停から病院やショッピングセンターなどの目的地までの移動も考慮しなければいけない。そのラストワンマイルの移動を考慮しないと、過疎地域の交通手段としては十分に役立たない。

では、現実的な解決策はどうなるか。住民の自家用車をすべて自動運転にするにはコストがかかりすぎる。タクシーなら、たしかに楽にどこにでも行ける。電話で呼び出し、目的地の病院の玄関につけてもらうことはできるが、費用が高い。過疎地域で持続可能な交通を目指すのであれば、バスとタクシーの、両極端にある状況を、よりバランスのとれたかたちで実現する交通手段を考えなくてはいけない。

それは必ずしも完全自動運転とは限らないというのがポイントである。完全自動運転は自動運転の価値を最大限に引き出すものではあるが黎明期にあるためコストが高い。過疎地域において必要なのはラストワンマイルの移動をいかに楽にするかであり、それを実現する技術としては完全自動運転が有効である。しかし、こうした地域は経済的に厳しい状況に置かれている場合が多く、ただやみくもに自動運転を導入すると、国の補助金だのみとなってしまう。過疎地域に本当に必要なのは、自動運転を含めたあらゆる新技術の組み合わせで、持続可能なことを前提とした新交通システムの開発である。

連結して費用を抑制する

その一つの方法が、パーソナルビークルの連結である。日本ではパーソナルモビリティと呼ばれることもあるが、1人が個人的に移動するための乗り物を使うことである。こういった乗り物は、多くは電気で動き、室内にも入ることができ、ラストワンマイルの移動も可能になる。よく高齢者が乗っているセニアカーだが、あれを玄関先に置いて目的地まで移動するのだ。ただ、セニアカーは速度が遅くて遠くまで行けない。

過疎地域は、たいてい生活に必要なスーパーや病院、郵便局がある地点にまとまっていて、その周りに住居が点在している。ほとんどの場合、自分の家から、生活に必要な施設

図4　連結したパーソナルビークルが先頭車についていく

まで行くには、セニアカーでは時間がかかりすぎる。もう少しスピードが出なくてはいけない。しかし、スピードが出るものを高齢者に運転させるのは、現実的ではない。

そこで、ラストワンマイルの移動は、ちょっと大型のパーソナルビークルに遅い速度で走る手動の車両となる。たとえば、幹線道路のバス停までその車で行き、バスに乗るのではなく、パーソナルビークルが連結する。方法はいろいろだが、前の車についていくという制御に変える。後ろの車は、それについていくという点を除けば、基本的に完全な自動運転と同じである。パーソナルビークルは、前の車についていくという制限を与えるだけなので、使うセンサーは極めてシンプルである。その結果、コストは抑えられ、信頼性も高められる。先頭車がどうなっているかは後で説明するが、先頭車以外は全部、完全な自動運転車をつくればいいということだ。

幹線道路まではゆっくり走ってもらうようにすれば、完全な自動運転でなくても移動できる可能性は高い。ただ、幹線道路

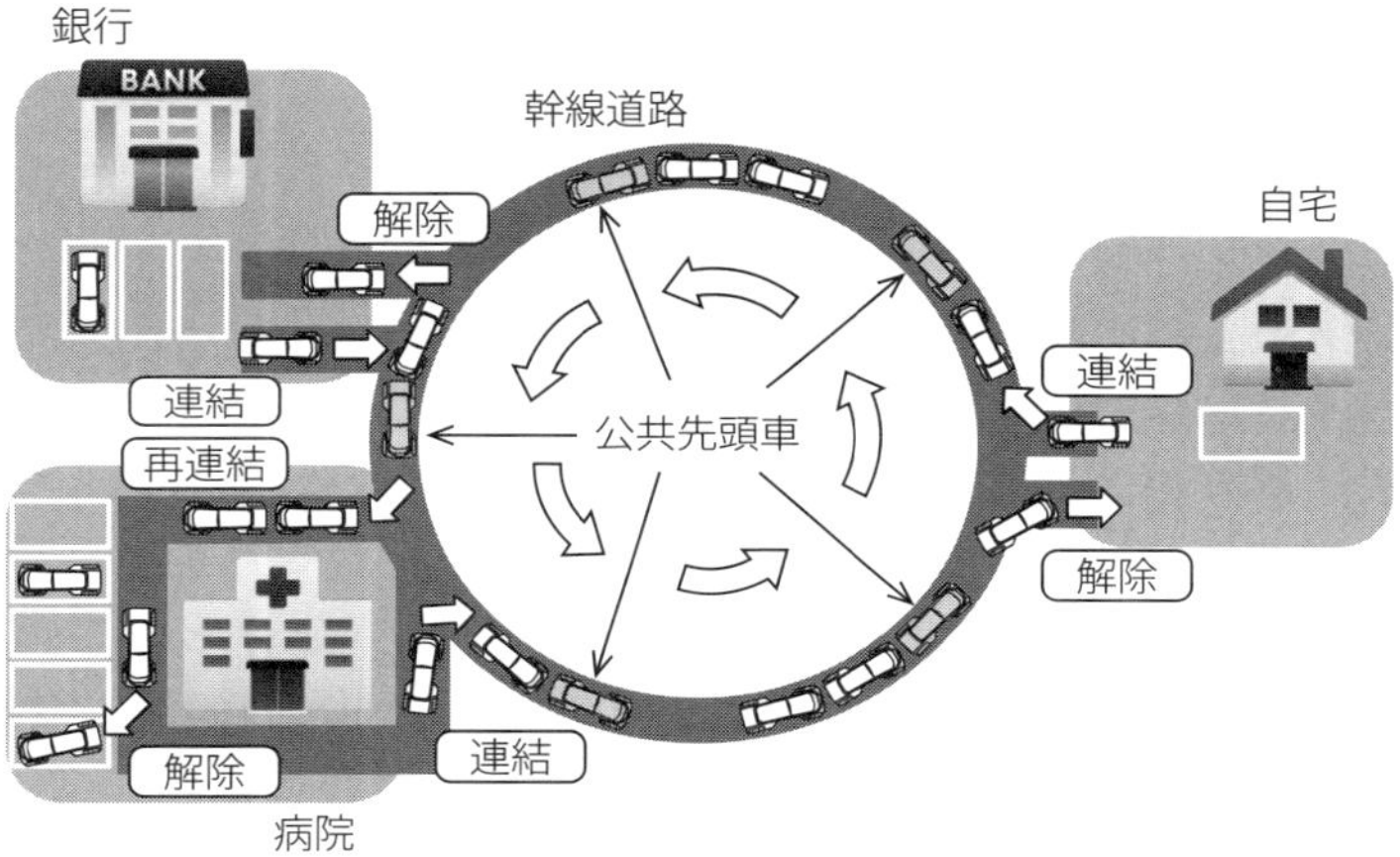

図5　連結型パーソナルモビリティの運用形態。幹線道路は連結して完全自動運転化して、それ以外は単独で運転することで、歩く必要がなくなる

はなるべく速く進みたいという要望があるので、そこで連結する。連結して完全な自動運転を手に入れて目的地まで行く。目的地に着いたら自動運転を解除して、また自分でゆっくり運転してもらう。そうして、郵便局の前、あるいは病院の前などに移動することができる。しかも、自分の慣れた車で移動できるのだ。

では、先頭車はどうするか。考え方は2つある。1つは、公共の車が先頭車になるものだ。地方自治体が運営するバスの運転手のような感覚で、先頭車を運転するドライバーを1人つけるという考え方と、ここでようやく自動運転を導入するという考え方があるだろう。

自動運転の最終形はどうなるか

過疎地域では自動運転をやみくもに導入するべきではないと述べたが、都市部ではどうだろうか？　筆者は、人々の活動が活発なところほど完全な自動運転は有用であると考えている。「ストレスなく思い通りに」目的地まで移動できる完全自動運転の価値は過疎地域に限らず共通のものであるし、何より潜在的なユーザーも多く、地域の経済力も高いため、持続可能なビジネスとして成り立ちやすい。都市部においては新しい交通システムというよりもバスやタクシーの運転手不足を補うかたちで浸透していくだろう。さらに自動運転の普及が進むと、日本最大の公共交通機関である鉄道の利用価値が下がっていくのではないだろうか。個人的には、鉄道は極めて非効率で、快適性の低い乗り物だと考えている。なぜ非効率なのか。東京の山手線すら3分に1本しか走っていない。車はとてもかなわないぐらい大勢の人を乗せているが、その乗せ方たるや、ときには家畜のようにぎゅうぎゅう詰めにして、なんとか移動するという状況だ。鉄道会社の利潤とエネルギー効率という視点では高効率かもしれないが、土地の利用効率、交通密度の視点では車に比べて極めて低い。こうした現状は、鉄道に代わる乗り物が存在しないことが大きな要因となっているが、完全自動運転車が普及していったら、そうした状況も覆るかもしれない。

たとえば鉄道網を完全自動運転車に開放して、手動運転車は中に入れず、自動運転車専用道路とする。道路内の車両がすべて完全自動運転車の場合、連結型で使うような短い車間距離（最近では電気自動車であれば車間距離50センチメートルで走行できる）で走行できる技術や時間通りに目的地に車両を到着させる技術などを積極的に利用できる。さらに先に述べたような自動運転による車体構造の変革や電動化も手伝えば、高エネルギー効率な大量輸送を、パーソナルスペースを維持したまま可能とする移動手段となるかもしれない。少なくとも、完全自動運転車が台頭することによって、鉄道一強の状況が脅かされ、鉄道サービスの改善が進むと筆者は考えている。ただし、新幹線のような高エネルギー効率で長距離を高速で大量輸送することに特化した鉄道は、自動運転車が台頭したとしても優位性を保ち続けるだろう。

災害対応でも価値を発揮する自動運転

自動運転は、単純に走るだけではない。いろいろな活用の方法があるだろう。その一つに災害対応がある。

大規模災害が起きたとき、いちばん問題になるのは道路の確保だ。２０１１年の東日本大震災では、東京で起きた交通マヒが非常に大きな問題となった。

こういったときに重要になるのが、道路の啓開《けいかい》すなわち緊急車両が走るための空間をいかに迅速に確保するかである。現状では、放置車両はホイールローダーや牽引車、ＪＡＦが使っているような車で1台ずつ移動していく方法しかない。自動運転車なら、セキュリティの問題は別にして、放置車両に「どきなさい」という命令を送ると、ドライバーが乗っていない状況でも車が動き出し、緊急車両が通る道を確保することができるようになる。

必ずしもすべての車が自動運転である必要はなく、自動運転の環境さえしっかりしていれば、ハンドルやアクセル、ブレーキを外部から制御するポート、つまり通信の入り口を開けておけば、ホイールローダーのようなものを高度化させ、そのセンサーから車の状態を検知して、ある範囲だけ完全な自動運転を実現することもできる。そうすれば、壊れてしまった車両はしかたがないが、壊れていない車両は自動誘導で同時並列的に移動させることができ、道路の啓開効率が格段に向上する。このように、自動運転は単純に走るためのもの、移動するためのものというだけでなく、災害対応でもその価値が発揮される。

自動運転の技術にはいろいろな価値があり、いろいろな実があるというのが、分かっていただけただろうか。

第2章 自動運転の歴史

ここでは、そもそも自動運転がどのようにして始まったのか、その技術のいくつかは転用されて実用化されているが、そういった自動運転について、まずその歴史を簡単にみて、さらに自動運転の現状、今後について述べてみたい。

事故と渋滞の解消を目指した自動運転

自動運転の起こりは、事故と渋滞の解消である。コンピューターの進歩に合わせて、車両を自動で動かせば事故も減るのではないかという考えが生まれたのである。

自動運転の考え方そのものは、意外にもかなり古くからみられた。技術開発が行われていたわけではないが、１９３９年には自動運転の考え方が生まれていたようだ。１９３９

年から1940年にかけて『明日の世界』(World of Tomorrow)というテーマを掲げて開催されたニューヨーク万国博覧会(Futurama、フューチャラマ)に、ノーマン・ベル・ゲディーズのデザインでゼネラル・モーターズ(GM)社が出展したジオラマ展示・ライド型アトラクションがそうだ。乗り物に乗りながら未来の景色が眺められるアトラクションや、未来の雰囲気が感じられる展示物などが発表された。驚くべきことに、それは、現在普及している高速道路などでの運転支援システムを予見しているようなコンセプトに仕上がっていた。電波でガイドされる車が高速走行し、車間距離を保って、自動で目的地まで走っていく考え方を提示した。1939年に、現代は予言されていたといえるだろう。

横方向の運転と縦方向の運転

これは自動運転の考え方の起こりであって、その技術開発は少し遅れて始まる。自動運転システムは、自動で運転するが、運転の要素は大きく分けて2つある。1つはアクセルやブレーキで車の前後方向の移動をコントロールし、これを自動にするという考え方だ。トランスミッション(変速機)も含まれ、こうしたものは「縦方向の運転」として分類される。もう1つは、ハンドルを操作する運転で、これは「横方向の運転」という。

なぜこの2つを分けるかというと、縦方向の運転は技術的にかなり開発されていることと、技術的課題のハードルが低いことが理由である。一般に横方向の運転のほうが技術的に難しい（人間による運転でもそうだが、自動運転も同じである）。

縦方向の、アクセル、ブレーキについて、すでに一部は人間の能力を超えた自動運転が生まれている。専門家の間では、縦方向の運転は技術的にはかなり開発されているので、横方向の運転をどうするかという問題を取り上げることが多い。ただ、縦方向についても、すべての技術が開発されているわけでなく、技術が人間を超えてしまったために起こる人間とシステムとのかかわり合いの問題の議論が活発に行われている。

なぜ縦方向と横方向とが違うのか。たとえば、高速道路を時速100キロで走行していて、前方に等速で走っている車がいるとしよう。そして、自動運転の車が故障してしまったらどうなるか。市販されている車ではそんなことは起きないが、仮にアクセルやブレーキを全開にして故障してしまった場合、これは縦方向の故障である。一方、横方向の故障は、ハンドルが突然1秒間にわたって、全開でどちらかに切れてしまうことになる。では、どちらのほうが事故につながる確率が高いだろうか。

ブレーキ、アクセルは、全開で1秒間踏み続けても、前の車が減速した場合は別だが、衝突は起きにくい。ブレーキを強く踏んでも、後ろによほど詰めている車がいない限り、事故に至ることはない。けれども、ハンドルは1秒間も全開でどちらかに切ったら、必ず事故につながる。これを防ぐために、横方向を安定的に制御するという問題は縦方向に比べて難しく、技術的にも課題が多い。

以上、単純に事故につながるかという側面で見たが、もう少し技術的な面で、自動運転車をつくる場合をみてみよう。もちろん、自動運転でやれることは人間がやることと同じことなので、その観点でも考えていく。

縦方向の制御

縦方向だけを制御する自動運転があって、横方向は人間が運転するとしよう。縦方向だけ自動運転になった場合にやることは、ある道路を直進する運転、あるいは前の車に追従する運転がほとんどだろう。人間の運転で考えて、これがどれぐらい楽な操作か、あるいは大変な操作かを想像してみよう。逆に、ハンドルを切って前の車を追い越すときの操作、あるいは交差点を曲がるときの操作は横方向の運転だが、縦方向と比べて、自分が運転するときにどちらが運転の手間が多いかを考えれば、ある程度分かるだろう。

自動運転もやることは一緒である。認知や判断は自動運転であっても、同じようにやらなければならない。

そこでここでは、まず縦方向の話からしよう。いちばんシンプルで、最近いろいろな車に搭載されているのが、ＣＣ（Cruise Control、クルーズ・コントロール）と呼ばれる制御である。ボタンを押すと、そのときの速度に合わせて一定の速度で走行してくれる。坂があっても一定の速度だ。プラスボタンは加速、マイナスボタンは減速で、一定で走る速度が増減できるようになっており、ブレーキを踏めば止まる。

この仕組みは、まず車のスピードセンサーの情報を見て、それによって制御を行う。アクセルとスロットル（エンジンへ送る空気量を調整する弁）をコントロールし、それをエンジンあるいはトランスミッション（動力をトルクや回転数などを変えて伝える装置。変速機）に伝える。このＣＣのために必要なセンシング、つまり認知の部分は、自分の車のスピードだけである。

ＣＣとＡＣＣの仕組み

これが発展したものがＡＣＣ（Adaptive Cruise Control、アダプティブ・クルーズ・コントロール）である。ＡＣＣは、ＣＣに前走車に追従して走る機能を加えた運転システムだ。ボタンの設計はほとんど変わらないが、前方に車がいるときはその車に追従し、前方に車がいないときはCCで走行する仕組みになっている。37ページの図が、よくACCで使われる状態の遷移図である。ACCをオンにした際に、前に車がいるかいないかによって、ギャップ・フォローイング・コントロール、すなわち前の車との車間距離を一定に走行する制御を行うか、CCにするかを選択して走行する。

では、その仕組みはどうなっているのだろうか。もちろん、自分の車の速度情報は必要で、それとともに、追従するためにレーダーシステムを使っている。前方に電波を飛ばして前方の車との車間距離を計測する装置だが、厳密にいうと、これによって車間距離と前方の車との相対速度の情報を入手し、それによって前方の車との車間距離をコントロールする。だから、ACCの場合は使うセンサーの数が少し増えている。ただ、縦方向の制御なので、アクセル（一部ブレーキも含めて）だけをコントロールする仕組みになっている。

CCやACCはすでに実用化されてかなり経っているが、それでも課題が残っている。ACCは乗り心地を優先するためにギャップ・フォローイング・コントロールの安定性を犠牲にしている側面があることだ。制御の安定性を上げるには、アクセルやブレーキを機敏に動かす必要があるが、それをやると乗り心地を悪くしてしまう。そこで現在のACCは、機敏に動かすことを控えて、ギャップ・フォローイング・コントロールの安定性を少

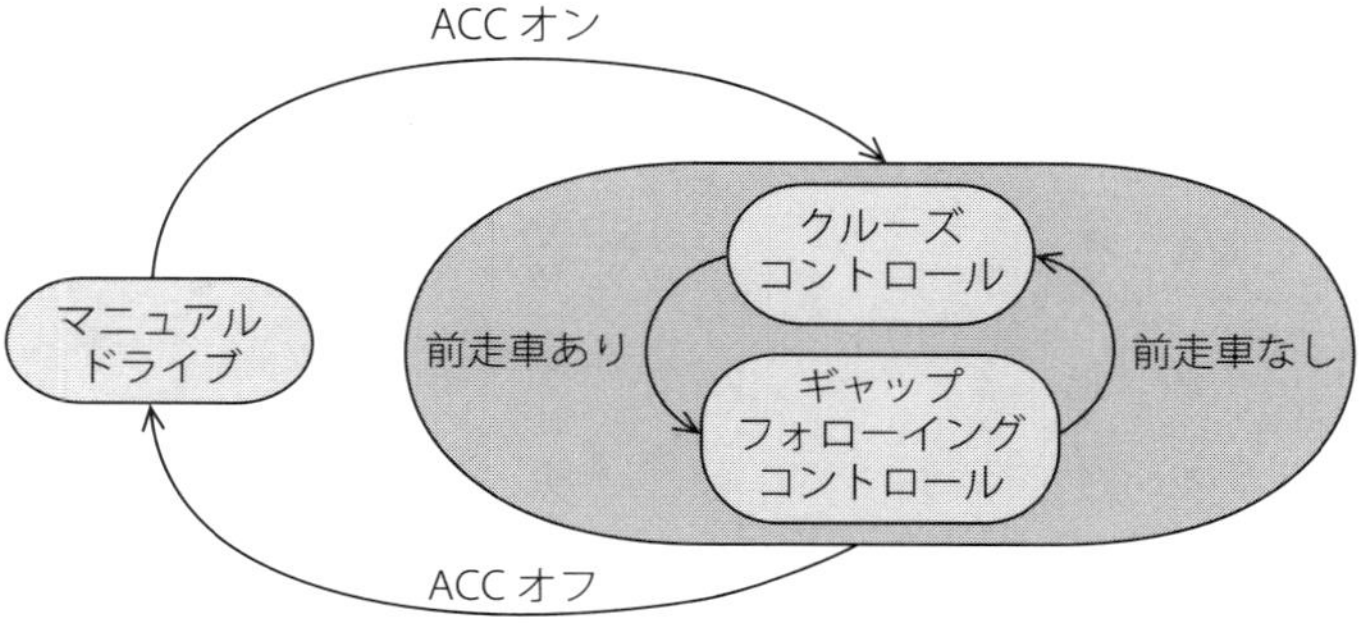

図１　クルーズ・コントロール（CC）に加えて、前走車に追従する運転システムのアダプティブ・クルーズ・コントロール（ACC）

し犠牲にして、乗り心地を優先させているのである。

しかし、近年はＡＣＣがかなり普及してきた。もともとのＡＣＣは、前方の車あるいは後ろの車はほとんどが手動の車だと想定してつくられているが、ＡＣＣが普及することによって前の車も後ろの車もＡＣＣを使うようになって、ＡＣＣの車両群が形成される確率が上がってきている。さらにＡＣＣの車が増えると、後方になるに従ってＡＣＣのギャップ・フォローイング・コントロールの不十分さがより顕在化して、より車列が不安定になるという問題を抱えることになる。そこで、乗り心地も制御の安定性も、どちらも満たすような仕組みが必要になってくる。

具体的には、協調型ＡＣＣ（Cooperative ACC/CACC）というもので、車車間通信を使ったＡＣＣがある。ＡＣＣがアクセルやブレーキを機敏にしなければならない要因の一つは、ＡＣＣに使うレーダーだけでは前方の車の状態を細かく見られないという問題がある。そこで、通信で前方の車の状態をそのまま入手することができれば、精度の低い外界センサーを使わずに、精度の高い内界センサーの情報をそのまま通信で送れるので、アクセルやブレーキを機敏に操作することなく制御できる。

イメージとしては、通信ができれば、前後の車でアクセルを同時に踏むことができる。一方でただのＡＣＣだと、前の車がアクセルを踏んだあと、車が動き出したと気づいてからアクセルを踏むことになる。この遅れの差が大きく働いて車列が不安定になる。その意味で、アクセルを同時に踏むことができるＣＡＣＣ（協調型ＡＣＣ）は優位性をもっている。

さらに、それを発展させた縦方向の運転システムとして、隊列走行がある。これはプラトゥーン走行やプラトゥーニングとも呼ばれる。プラトゥーン走行は、車間距離が完全に一定の、人間では操作できないような短い車間距離で走行させる技術である。前の車との車間距離を縮めた状態で走行すると、後ろの車の空気抵抗が少なくなる。この現象は特に高速で走行するときに顕著になる。たとえば、日本の国家プロジェクトで車間距離4メートル、時速80キロで走行するような技術が開発されている。

このように、現在の縦方向の運転システムは人間よりも運転能力の高い運転ができるようになっている。

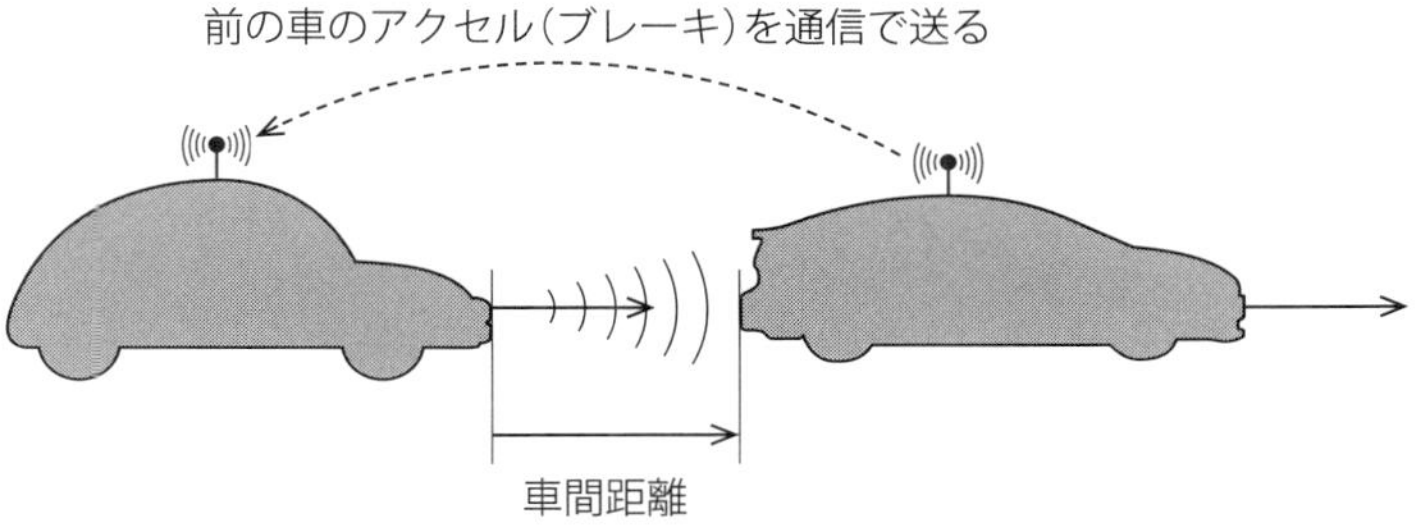

図2　車車間通信を用いるCACCのシステム構成

横方向の制御

横方向は、縦方向に比べれば単純なシステムしか実用化していない。まだ人間の運転にも達していない。

道路にある2本の白線を認識し、ハンドルを切ってその間のレーンを走行する運転システムは、エルカス（ＬＫＡＳ）とかエルケイエー（ＬＫＡ）と呼んだりするが、ここではまとめてＬＫＡＳ（Lane Keeping Assist System）とする。ハンドルを切らない警報タイプとしては、ＬＤＷ（Lane Departure Warning）というシステムもある。ＬＫＡＳは、ほとんどが車の前方を向いたカメラを使って、走っている前方の白線がどちらを向いているか、あるいはどの位置にあるかを検出し、それに合わせて、レーンからはみ出しそうになると逆にハンドルを切って修正するような仕組みになっている。ただし、あらゆる白線を認識して走行できるかというとそうでもなく、利用環境は限定される。また、人間は必ずしも白線だけを見てハンドルを操作しているわけではなく、まだまだ未熟であることは否めない。

自動運転のこれまでの流れ

ここからは、日本の自動運転研究の大家である名城大学の津川定之名誉教授の著作(2)(3)(4)を参考に、自動運転研究の流れを追っていきたい。津川氏によれば、自動運転の研究開発は4期に分けられているという。1950年代から60年代が第一期、70年代から80年代が第二期、80年代後半から90年代が第三期、21世紀に入ってからが第四期となる。第四期までに自動運転を実用化しようという流れはあったが、途中で挫折してきた。つまり、自動運転は21世紀に入ってから突然に実用化を目指し始めたわけではなく、これまでに何度かトライしてはうまくいかなかったということを、繰り返してきたのである。

第一期

自動運転の研究開発は、センシング技術の発展と密接にかかわってきた。横方向の制御をするには、周りにあるいろいろな物体を認識しなければならないが、それを認識する技術はまだ十分ではなかったので、最初のころの自動運転は道路に誘導ケーブルを敷設することが基本的な考え方だった。誘導ケーブルに交流電流を流すと磁界が発生するので、車はその磁界をコイルで検知して自分の横位置を検知する。それによって、誘導ケーブルに沿ってハンドル操作ができる。

こうしたシステムは1950年代末から60年代にかけて、米国ではRCA[5]（Radio Corporation of America）やGM[6]、オハイオ州立大学[7]などで開発されていた。英国では道路交通研究所、ドイツではジーメンス[8]が研究していた。日本でも、機械技術研究所[9]（現産業技術総合研究所）が60年代前半に、誘導ケーブルを使った自動運転システムを開発している。ただ、この自動運転システムを実用化するには、車が走るすべての道路に誘導ケーブルを敷設しなければならないし、誘導ケーブルに電気を流さなければならない。車はうまく走行できそうだけれども、ケーブルの敷設は難しく現実的ではないことからうまくいかなかったようである。現在では、この誘導ケーブルを使った自動運転システムは、車だけでなく他の分野の自動運転システムでもあまり用いられていない。

第二期

70年代から80年代には、道路に誘導ケーブルを敷設するのは現実的ではないことから、脱インフラ設備の技術開発が進む。この頃注目されたのがマシンビジョン（ロボットの目を意味するコンピュータビジョンを応用した、ネットワークやデジタル処理を統合したシステムのこと）による横方向の制御を行うシステムである。このあたりから現在の自動運転にかなり近い技術になってくる。日本では機械技術研究所が「知能自動車」と称して、時速30キロでテストコースを走行させている。[10] さらに、コースを走行するだけでなく、障害物があってもそれを避けて走行する技術も開発されていた。[11]

当時、アメリカではカーネギーメロン大学[12]が、ドイツではミュンヘン連邦国防大学が研究をしていた。[13] とくにミュンヘン連邦国防大学のＶａＭｏＲｓというプロジェクトでは、マシンビジョンで車線を検出して時速90キロメートルで自動走行する技術を80年代の終わりに完成している。前に述べたＬＫＡＳは、この時代に開発された原理を応用したシステムといえる。

第三期

80年代後半から90年代にかけて、本格的に実用化が検討され始めた。自動運転は一台だけの単独車両のものが一般的だと思われがちだが、複数車両の協調がこの頃に活発に研究された。アメリカではＡＨＳ（Automated Highway Systems）が計画され、１９９７年にはカリフォルニア州サンディエゴで大規模な自動運転のデモンストレーションが行われている。このデモにはカーネギーメロン大学やオハイオ州立大学のほか、トヨタやホンダなど7つのチームが参画し、12キロメートルのＨＯＶ（High Occupanoy Vehicle）レーンで協調型や自律型の自動運転を行った。しかしこのデモの後、アメリカの運輸省は、自動運転は近い将来導入される見込みはないとして、プロジェクトを中止している。

同時期にアメリカでは、カリフォルニアＰＡＴＨ[14]（Partners for Advanced Transit and Highways）というプロジェクトができ、永久磁石を用いた隊列走行システムを開発している。隊列走行はすでに説明したように、車間距離を短くして前の車に追従する制御システムである。ただしこの頃は道路に磁気マーカーを埋没してセンシングする方式が採用されていた。磁気マーカーは永久磁石列で構成されており、永久磁石を敷設はするが、電気を流さないといけないという点で問題があった誘導ケーブルに代わる技術として、当時注目されていたやり方である。

一方、ヨーロッパは、基本的にはマシンビジョンで車線を検出して自動走行するシステムを応用していた[15]（ＰＲＯＭＥＴＨＥＵＳ：PROgraMme for a European Traffic with Highest Efficiency and Unprecedented Safety）。マシンビジョンで車線を追従するだけでなく、障害物の検知や車線変更もできるようなシステムをすでにこの頃つくっていた。

日本の場合

当時、日本はアメリカと同様の動きをしていた。最初はアメリカと同様のAHS(Automated Highway Systems)という名前で、高速道路での自動運転化を目指していたが、その後、別のAHS(Advanced Cruise-Assist Highway Systems)、つまり、当時の運転支援システムをまず実用化しようという流れになっている。結局、アメリカのAHSプロジェクト中止の流れを受けて、自動運転の実用化はなかなか難しいということになり、2000年ぐらいになると、さらに新しい技術としてGPSを使った測距技術が出てくる。それまで、自動運転といえば前の車との関係や敷設したマーカー、あるいは車線との関係によってシステムが構成されていたが、GPSが出てきたことによって、地図から自分のいる位置を知るという絶対測位型自動運転の方式が台頭し始める。これはGPSの革新的な部分であり、現在の技術につながる。地図データベースと自分の位置とを見比べて走行する技術がこのころ出てくる。

しかし、結局のところ自動運転システムは実用化できなかった。あるレーンを走ることはできたが、それを実用化するには、高速道路は自動運転で走れても、サービスエリアの中を動かすことは、歩いている人がいるなどいろいろな問題があって非常に難しい。当時は、そうした問題に技術的にまだ対応できていなかった。高速道路は走れるが、それを実用化構想まで描くことができなかったことで、自動運転はいったん終息してしまう。

現在の自動運転

21世紀に入ると第四期になる。そして、いろいろな人々がさまざまな方式を提案するようになった。第三期に実用化を目指していた研究部隊は、隊列走行などの協調型運転支援システムをつくる方向に変化していく。カリフォルニアＰＡＴＨは、第三期に実際に道路に永久磁石を埋めたが、それを路線バスに転用して利用することを考えていた。

ここではプレシジョンドッキングという言葉が重要なキーワードになってくる。プレシジョンドッキングとは、道路脇に数センチといった精度で車をプラットホームに寄せるための技術である。磁気ネイル（磁気マーカー）を使った横方向制御は、他の方法に比べて非常に精度がよい。そうすると、歩道近くに寄せることができるのでバス停とプラットホームとの間がバリアフリーになる。狭路走行もできるようになる。そういった利点を生かして路線バスへの転用を行った。

同様に日本でもＩＭＴＳ（Intelligent Multimode Transit System）と呼ばれるシステムがつくられた。トヨタが「愛・地球博」で出展したものである。一般道では手動運転を行い、専用道で磁気マーカーによる自動運転を行う。

さらに、カリフォルニアＰＡＴＨでは、トラックの隊列走行も行っている。前にも述べたように燃費の改善になる。とくに大型車は空気抵抗が非常に大きいので、大型貨物車両の燃費を改善しようという考えから、車間距離を詰める協調型の自動運転を研究したのである。日本でそれに対応するものとして、経済産業省関係のプロジェクトで筆者も関わったエネルギーＩＴＳ[16]（Intelligent Transport Systems：高度道路交通システム）プロジェクトがあり、トラックを車間距離4メートル、時速80キロで走行できるシステムをつくっている。

ヨーロッパにも似たような考え方をするグループにＳＡＲＴＲＥ（Safe Road Trans for the Environment）がある。カリフォルニアＰＡＴＨやエネルギーＩＴＳプロジェクトでは、トラックの後ろにトラックが連なるという考え方だが、ＳＡＲＴＲＥは先頭車をトラックにして後ろに乗用車を並べるという隊列走行を設計している。

さらに、これまでとはまったく違うかたちで、ＨＡＶＥｉｔ（Highly Automated Vehicles for Intelligent Transport）というプロジェクトがヨーロッパで生まれている。[17]

図３　「愛・地球博」のIMTS（トヨタ自動車提供）

これまでの自動運転は、すべての速度域ないしは高速の速度域での自動化を最初の目標としていた。それにはいろいろな技術的な課題があったが、すでにある程度開発されているものの、低速での車両制御には手が付けられていなかった。そこに着目したのがＨＡＶＥｉｔの面白いところである。よくいわれることだが、人間は適正なストレスを与えられているときに最もパフォーマンスが良くなり、ストレスが高すぎても、また低すぎてもよくないという「ヤーキーズ・ドットソンの法則[18]」がある。ストレスが高すぎる高速に対応する自動運転がカバーされているけれども、ストレスが低すぎる低速に対応する車両制御はないということから、低速時の運転支援システムを開発したのである。

考え方の異なる自動運転

第三期でプロジェクトを立ち上げ、自動運転化は難しいといわれて、違う方向の自動運転支援システムの方向に舵をきった人たちがいる。DARPAのグランドチャレンジ(Grand Challenge)とアーバンチャレンジ(Urban Challenge)である。

DARPAはアメリカ国防総省である。目的は軍事面での活用だが、最初は大陸間を無人で移動できる軍用車両をつくりたいということで、砂漠に出発点と目的地をつくり、そこを自動走行する自動運転車をつくることだった。当然、それまで自動運転を開発していた人たちがこれに携わっている。

2004年、2005年にオフロードを無人で走破するグランドチャレンジ大会が開かれている。それまではレーンを見たり前方の車を見たり、マーカーを見たりといった相対的な位置関係をもとに自動運転で走行していた。しかし、基本的に何も見ず、絶対位置、絶対測位という考え方がはじめて出てきたことがポイントである。オフロードを走行するためにあらゆる位置の映像や形状をとらえ、それをもとに「自分はこのあたりにいるだろう」と絶対位置を測定したり、あるいはGPSを使って走行する。

最初は砂漠のオフロードだったものが、一般的な公道を走行する自動運転車の開発へ移っていくのである。2005年に砂漠を走行する自動運転車が完成したことがきっかけとなり、さらに難しい課題として2007年にアーバンチャレンジが生まれた。カリフォルニア州の交通規則に従って制限速度を守り、交通標識に従い、無信号交差点では優先順位も確認し、駐車場では障害物を回避して走行するなど、実際の交通に即した制約を課されて走行するものだった。

この2つのチャレンジによって、新たな自動運転の技術が進展した。その技術を買ったのがグーグルである。おそらくグーグルは、そこでつくられた新たな自動運転システムを使えば、自動運転が実現可能なのではないかと読んだのだろう。そうして、研究開発スタッフを取り込み、その後、カリフォルニア州で走行実績を積んで、いまやネバダ州とフロリダ州では公道での自動運転が合法化されるところまでなっている。

絶対的な位置に基づく運転

ここまでの話をまとめると、第一期、二期、三期ないし四期の最初のほうは、相対的な測位の方法で運転するのが基本的な考え方だったが、新しい自動運転の火付け役になったのは、絶対的な位置を見ることであった。

もともと自動運転とは、事故と渋滞をなくすことが目的だったが、第三期から少し変わってきた。効率化という言葉が加わってきたのである。事故とか、縦方向の制御法が盛んに開発されてきたが、一部で運転能力が人間よりも高くなってきたところに着目し、省エネなどにも対応しようとなったのである。それが第三期後半から第四期にかけてである。

研究開発の流れをまとめると、第一期は地面に誘導ケーブルを敷設せざるを得なかったが、敷設は現実的ではない。第二期は、そこから脱却しようという期である。たとえば既存の施設を車からセンシングするマシンビジョンによって、必要に応じて車を動かす。ただ、それではレーンは走れるが、車線変更や進路変更ができないので課題として残った。

第三期は、そこからどう脱却するかということでいろいろな考え方が出てきた。一つは、装置をインフラ側につけたほうが効率的だという磁気マーカー型（永久磁石列型）。これは敷設が必要だが、電力は不要だし、精度もいい、とにかく地中に埋めてしまえばいい、という考え方である。さらに、マシンビジョンをもっと発達させていこうというのが、PROMETHEUSプロジェクトである。これでなんとか車線変更はできるところまで持っていくことができた。そして、GPSである。これによって絶対座標系で見ることの便利さを得て、その後の発展のきっかけになった。

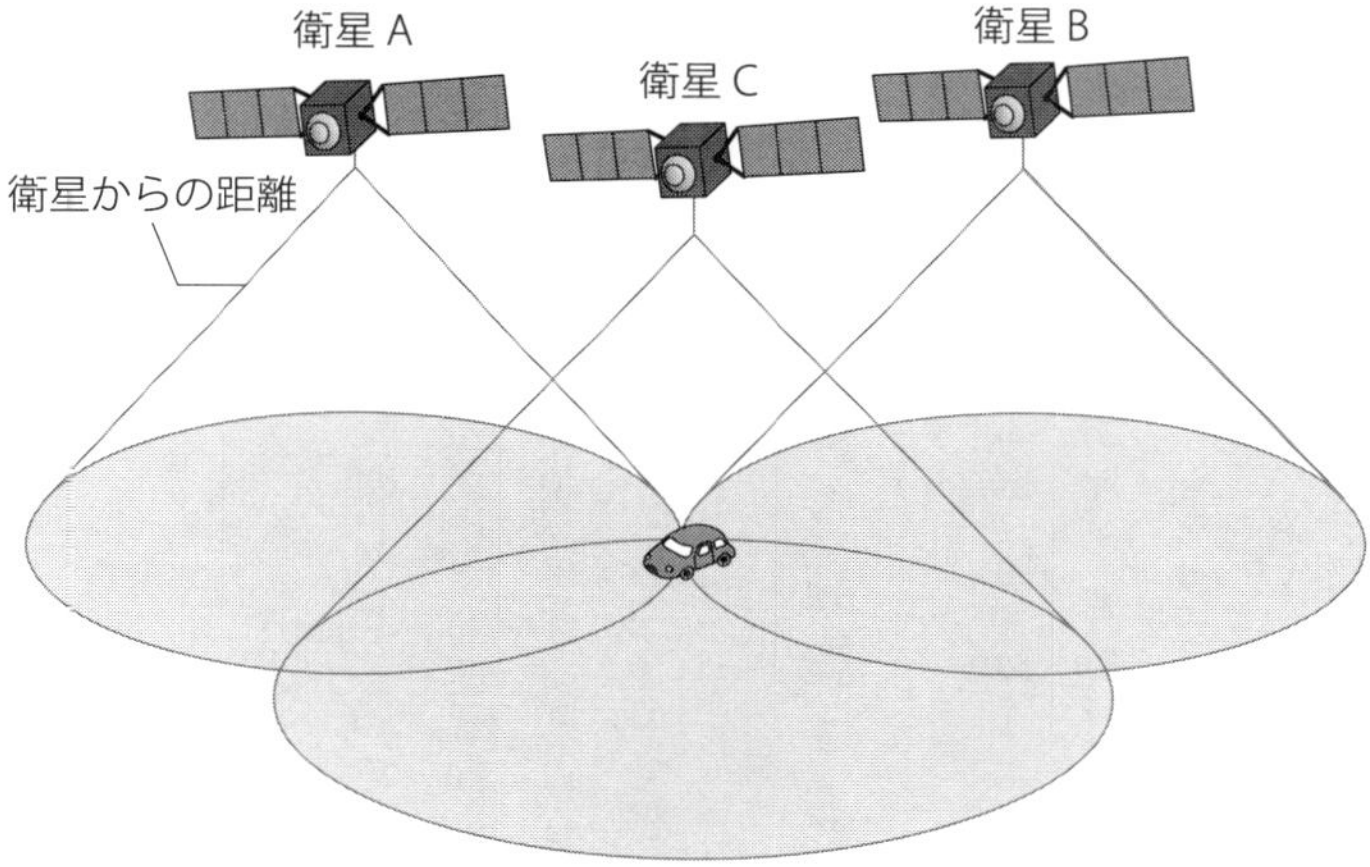

図 4　GPS が自動車の位置を特定する仕組み

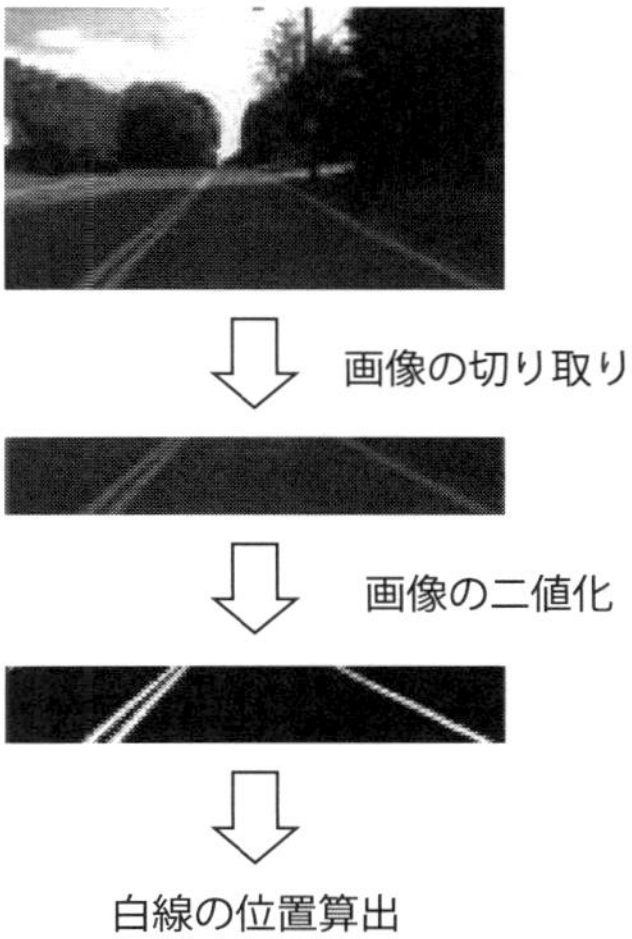

図 5　マシンビジョンが白線を検出するしくみ（例）

第四期はさらに複雑になっていく。それまで研究されていたものの実用化である。相対的な計測を使って協調型の自動運転を進めていく流れである。さらに、ＧＰＳの登場で始まった絶対座標系で見る自動運転システムの発展もある（図４参照）。レーザースキャナ、マシンビジョン（図５参照）、レーダー（図７参照）など、あらゆるものを駆使して、絶対座標系を基準にさまざまな方式が考えられている。

ところで、ＧＰＳを自動運転に利用する考え方は、すでに第三期に存在していた。非常に便利だが、いろいろな課題がまだある。たとえば、上方に橋があると、それで測定が狂ってしまう。トンネルもだめだ。そういった電波の届かない環境では座標系が見えなくなってしまう。あるいはマルチパスという問題だが、周りに高い建物が建っていると、電波がそこで反射してしまって正しい位置が測定できなくなる。また、上空の空気の層が変化すると誤差が出てしまうなど、さまざまな問題があり、ＧＰＳだけで絶対位置座標を得るのは十分な信頼性が得られない。そして、そこから生まれてきたのがレーザースキャンマッチングというロボット分野に端を発する方法である。

物体を認識する方法

ＬＩＤＡＲ（ライダー）は、レーザーを飛ばしてそれが戻ってくるまでの時間を計測する（図6参照）。それは反射した物体までの距離を知る手がかりになる。そこで、あらゆるところにレーザーを飛ばすと物体の形を知ることができる。レーザースキャンマッチングはＬＩＤＡＲで得られた物体の形状が普遍的なものならだいたいの位置が分かるという考え方である。つまり、もともとの周辺の物体の形状が分かっていて、今観測した周辺物

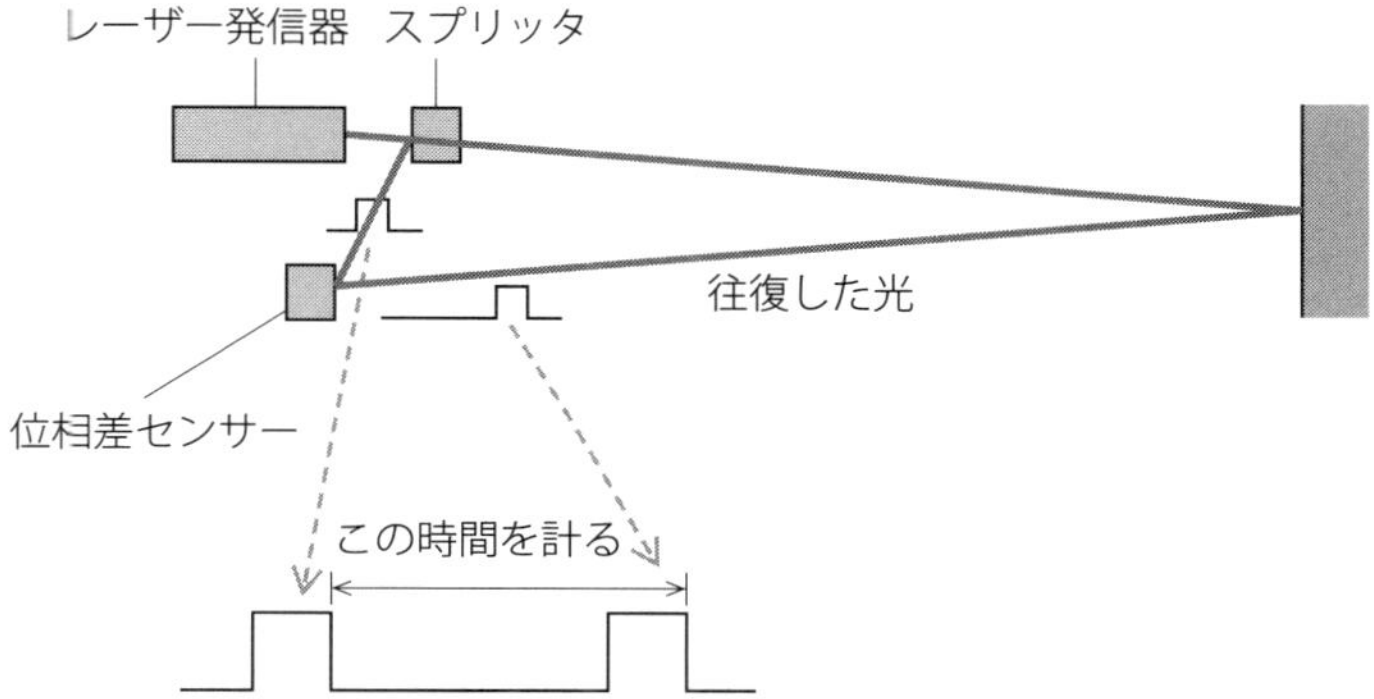

図６　LIDARが距離を計測する仕組み

体の形状と重ね合わせれば、観測した位置が分かるのである。これはＧＰＳのように、マルチパスの影響は受けない。衛星からの電波も必要ないのでトンネルの中でも使用できる。このようにＧＰＳの弱点を克服したのがレーザースキャンマッチングである。

さらに、人工知能の世界において、ディープラーニング（深層学習）の登場によって、物体の認識の精度が上がってきている。これまで、物はあるけれども、それが何だか分からないというのが基本的な問題だったが、車や人を詳しく識別できるようになってきた。今後は、自動運転をより高度なものにしていくのに必要になる。

第四期は21世紀に入ってからだが、特にレーザースキャンマッチングなどの話題が出てくるのは２００４年以降である。ＤＡＲＰＡ（米国国防総省）のグランドチャレンジが２００４年、２００５年にあり、この頃にレーザースキャンマッチング用のＬＩＤＡＲの原型が登場した。それが小型化されてＶｅｌｏｄｙｎｅ社から市販されたのが２００７年のことだ。

不十分な物体の認識

ここで、技術的な課題を少し述べておくと、周辺の物体認識はまだまだ不十分というのが現状である。ディープラーニングが新しい考え方として登場してきたものの、その取り込み方にはいろいろ課題がある。ディープラーニングが出てきたからといって、自動運転のあらゆる認識の問題が解決するわけではなく、あくまでもそれはいろいろある中の一部にすぎない。その意味でディープラーニングを自動運転にどう生かしていくかが、現在の技術的課題の一つとなっている。

分かりやすい例を挙げると、レーザースキャンなどのセンサーを通して見える物体は分かるが、死角にある物体は見えないことである。人間は曲がり角にあるミラーで見通しの悪い交差点の向こう側を見ることができるものの、今、自動運転で開発されている車は、曲がり角のミラーを利用することができない。そのため、見通しの悪い曲がり角では、先がまったく見えないので徐行せざるをえないのである。人間に比べて、先の見え方がまだ不十分である。その解決は、今後急がれるところである。

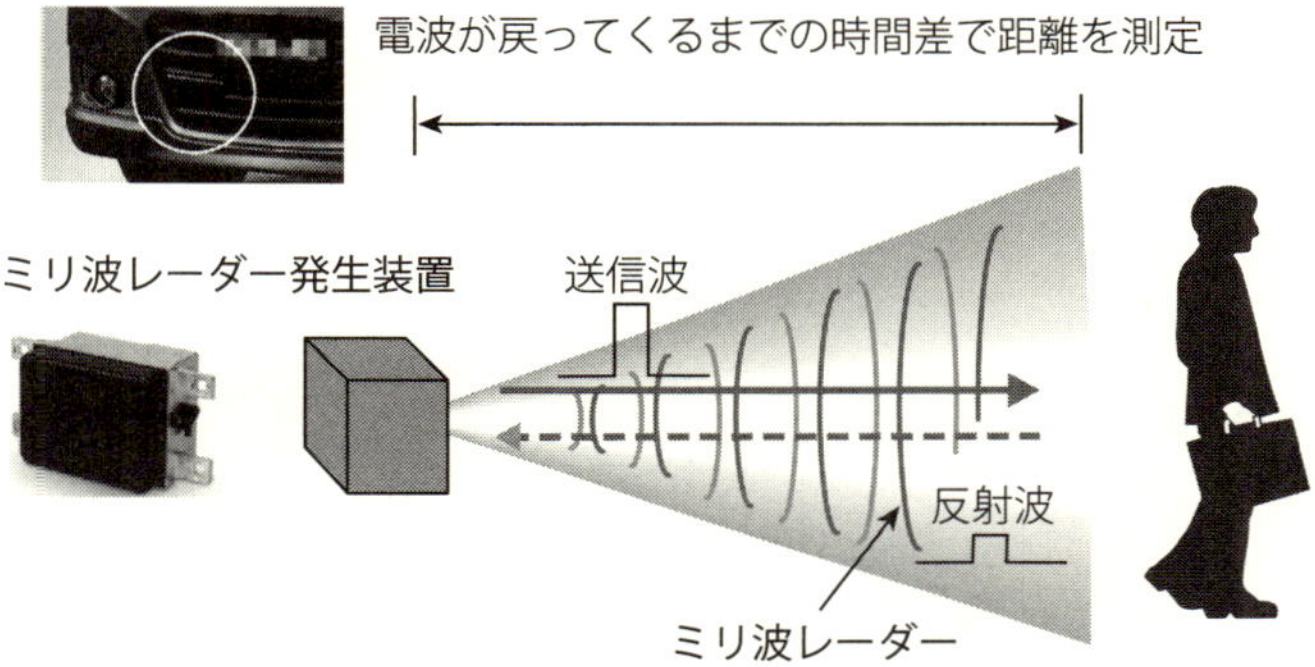

図７　ミリ波レーダーが距離を計測する仕組み（例）

ここで述べている自動運転は、単独の車両の認識だが、無線技術による車どうしの車車間通信や道路に止まっている車との通信、路肩との通信の連携で、より先のものが見えるようになったり性能が良くなったりする。たとえば、交差点にあるカメラや信号などのインフラも通信し合う対象になる。今後、路肩に物体を認識するセンサーをつけるという動きも出てくるだろう。先が見えないといっても、道路側から見てくれれば、それで先を見ることができるようになるだろう。そういった道路との協調、さらには歩行者との協調も必要となるだろう。

今や、あらゆるところにセンサーがついている時代である。スマートフォンもセンサーの塊なのだから、そういったところからも情報を得て、何らかのかたちで自動運転に生かすことが考えられるだろう。単独でなく協調ということも複雑に絡み合ってくる。そのあたりも注目しなければならない。

日本の自動運転の現状

これはあくまでも現在の状況であって、将来もこの考え方で進んでいくとは限らないが、日本では自動運転についての一定の定義をしており、共通の認識の下に進もうという流れがある。その自動運転のレベルの考え方について整理をしておこう。

国によってレベルの区分が異なるので、ここでは日本に限定したものとお考えいただきたい。日本は4つのレベルで自動車の自動化レベルを表現している。

レベル1は、加速・操舵・制動のいずれかを自動車が行う状態である。すなわち、すでに述べたACCやCC、あるいはLKASのいずれかを使う状態である。これを実現するシステムは、「安全運転支援システム」と呼ばれている。

レベル2は、加速・操舵・制動のうち複数の操作を自動車が同時に行うものである。加速と制動は同時にはできないので、「加速と操舵」か「操舵と制動」のどちらかになるが、これが同時に行われる状態を簡単にイメージできるのが、ACCとLKASを同時に使っている場合である。これを「準自動走行システム」と呼んでいる。

ACCとLKASを同時に使っている場合といったが、LKASとACCを組み合わせて完全な人間の運転を再現しているかというと、そうではない。これを自動運転と呼んでいいかどうかは難しいところだが、不完全な自動運転とはいえるだろう。

レベル3からは、いよいよ難しい。レベル3は、加速・操舵・減速のすべてを自動車が行い、緊急時のみドライバーが対応する状態である。つまり緊急時以外はドライバーは何をしていてもよいことになる。イメージとして「間もなく車がエラーを起こします。人間が対応してください」と10秒前に言ってくれるようなものである。だから「10、9、8、…」と数えている間に人間が運転席に着いて、自動運転から人間の運転に代われるような対応をする車がレベル3であるということだ。ここまでが準自動走行システムと呼ばれているものである。

レベル4は、完全な自動運転である。加速・操舵・制動のすべてをドライバー以外が行い、ドライバーがまったく関与しない状態になる。だから、ドライバーは何をしていてもよい。自動運転の定義のポイントをどこに置くかの違いはあるが、完全な自動運転という場合はレベル4を指すことが多い。

システムの過信は大きな問題

繰り返しになるが、レベル2からの、自動走行システムと呼ばれるレベル、すなわち運転するという作業から人間が徐々に解放される段階になると、問題になるのはシステムへの過信である。やることがないのに車に乗ってただ監視していることほどドライバーにとって苦しいことはない、と筆者は考えている。自動運転で走行していると、往々にしてよそ見やほかのことをして、人間は監視状態をずっと続けることはできない。そうなると、レベル2とレベル3は非常に難しい問題を抱えているといえる（第1章の図2参照）。

少し付け加えると、レベル2は緊急時には人間はすぐに対応しなければならない。一方レベル3は、何秒かの余裕がある。人間にとってはレベル2のほうが難しいのである。レベル2は、すぐに人間が運転を代わらなければならないので、常に監視していなければならない。しかし、システム過信の問題が起きて、すぐに代われる状態にはなっていないかもしれない。人間にとっては、レベル3よりもレベル2のほうが難しいのである。

レベル3は、緊急時でも何秒間かは安全を担保しなければならないので、システムをつくる側の技術は難しいが、ドライバーとしては楽である。それまでスマートフォンをいじ

表　日本における自動化レベルの定義

<table>
<tr><th>自動化レベル</th><th>概要</th><th colspan="2">左記を実現するシステム</th></tr>
<tr><td>レベル1</td><td>加速・操舵・制動のいずれかを自動車が行う状態</td><td colspan="2">安全運転支援システム</td></tr>
<tr><td>レベル2</td><td>加速・操舵・制動の複数の操作を自動車が行う状態</td><td rowspan="2">準自動走行システム</td><td rowspan="3">自動走行システム</td></tr>
<tr><td>レベル3</td><td>加速・操舵・制動をすべて自動車が行い、緊急時のみ運転手が対応する状態</td></tr>
<tr><td>レベル4</td><td>加速・操舵・制動をすべて運転者以外が行い、運転者がまったく関与しないシステム</td><td>完全自動走行システム</td></tr>
</table>

っていても、10秒後に代わってくださいといわれるのなら、何とかなる可能性は高い。眠っていたら大変なことだが。

つまり、人間にとってはレベル2のほうが難しいが、システム的にはレベル3のほうが難しいといえる。

一方、レベル4は、システム側の技術的課題はさらに多くなるが、人間は運転から完全に解放され、さまざまなメリットが得られることになる。

国の方針と現実

もう一度、国が考えている自動運転の流れをみてみよう。2020年にレベル3の車を市場に出すというのがポイントになっている。その前の2017年末には準自動運転システム（レベル2）を実用化するという。ただし、双方とも高速道路に限定した自動運転である。

現在、レベル2の技術に関してはほぼでき上がっている。ACCとLKASは、すでにいろいろな車に両方とも装着されているので、車を走行させることはできる。技術的にはほぼ問題をクリアしている。では、2020年のレベル3をどうやって実現するのか。つまり、何秒かの時間的余裕を担保するための技術を克服できるのだろうか。

さて、基本的にこのような国の方針があることを前提として、ここからは筆者の意見である。

レベル1からレベル4へと段階があるが、自動化を一つずつ上げていくのは難しいと考えている。つまり、人間とのかかわりからすると、自動運転の本来のメリットがレベル4になるまで生かせないという問題があるからである。

第1章で述べたが、レベル4の完全な自動運転車は自由度の高い空間を生み出す。車のあらゆるコンポーネントが板の下に全部収納されていることがポイントである。畳1～2畳分のサイズで、その上は自由な空間として使える。上は自由につくり、下に機械類などを全部埋め込んでしまうような車がレベル4である。

一方、レベル3以下では、車両の空間が、運転と切り離すことが十分にできない。レベル3においてもレベル2においても、運転をするスペースと環境は残さなければならない。アクセルとブレーキとハンドルは何らかのかたちで残さなければならないし、それに付随して椅子の形も向きも決まってくる。さらに、その椅子にドライバーが座ることを前提として、周囲が見えるように窓を配置しなくてはならなくなる。あらゆる部分が今の車の形に近づいてしまい、車内空間の十分な自由化は行えない。そこがレベル4とそれ以下の車との大きな差であり、これが段階的に進む場合の問題の一つである。

もう一つは、レベル2やレベル3の自動運転は人間にとって本当に楽なものなのかということである。自動運転のメリットである空間の自由化が得られなければ、別のメリットが得られなくてはならない。たとえば、安全性が向上し、渋滞がなくなるというのはもちろんだが、自動運転によって、人間が移動の時間を快適に過ごせるかどうかが問題となる。はたして、レベル2やレベル3は人間が快適に過ごせる時間を提供できるのだろうか。筆者はそれに対して大きな疑問を持っている。人間は、運転することが楽しい生き物である。一方で監視作業をするのは楽しくない。

人間は、運転という行為によって刺激を受けて集中力を維持し、いろいろな負荷に対応し、また運転をして刺激を受けて集中力を維持する、ということを常にやっているわけだが、これが監視作業だけになったらどうなるか。監視作業は、見ているだけだから、負荷はそれほど大きくないだろう。そして、刺激も少ない。集中力は、ある程度の刺激がないと維持できないものである。すると、ほかの負荷を与えて集中力を維持させなければならなくなる。結局、「これは本当に楽ですか」というところが問題になってくる。他の負荷があるくらいなら運転をしていればいいではないか、ということに落ち着いてしまう。それが2つ目の問題である。

はじめから「レベル4」を目指す

自動運転が高度化しても負荷がなくならないのであれば、それは利用者にとって価値があるのかという根本的な問題になる。つまり、段階的に移行していくと、利用者に十分にその価値が受容されないままになってしまい、自動化が順調にレベルアップしていかないのではないかと筆者は考えている。最終的なドライバーレス（運転者なし）の状態になる前に失速してしまい、うまくいかないのではと危惧している。

「なんだ、運転していたほうがいいんじゃないの」ということになってしまう。あるいは、集中力が低下してしまって事故が増えてしまう可能性もある。レベル3までは最終的に人間の運転に依存しているので、人間に運転を移行できないことによる事故は増えてしまう可能性もある。すると、自動運転はいらない、いう話になりかねない。

世の中の流れとして、段階的な自動運転への移行は考えられるが、社会や国が一気にレベル4に跳ぶという決断さえすれば大きなメリットが得られる。それができる国こそ、将来、経済活動の優位性を獲得できるだろう。

ここまでみてきたように、レベル2、レベル3にうまみはない。それなら、そこはスキップして一気にレベル4に進むべきである。すると、空間の自由も得られる。移動中の時間を使って経済活動も行える。さらに、交通渋滞がなくなれば事故も減る。渋滞がなくなれば、移動時間も短くなる。そして、「ドア・ツー・ドア」の「どこでもドア」に近づくのである。

国家の発展は移動手段の発展を抜きにしては語れない。ヒト・モノの移動が速くなって快適になればなるほど、その国の経済は発展していくが、今やそれが自動運転によって実現できるかもしれない。この決断はたいへん重要である。

第3章 自動運転が自動車産業に与える影響

万人のニーズを満たす技術が社会を変える

ここでは、現在の自動車産業にとっての自動運転という視点で考えてみよう。自動車産業はいま自動運転への取り組みを始めた段階にあるが、自動車産業が今のままの、人が運転する車を目指していると、ゆくゆくは大変なことになるだろう。

筆者はこれまで自動車メーカーに勤めた経験があるわけではない。したがって、これからの話も、外部から見聞したことをまとめたものなので、偏った見方があるかもしれない。しかし、こういった考えをする人もいるのだと理解してほしい。

第1章では、自動車の世界で自動運転というものが生まれて、これまでの自動車の概念そのものを転換する可能性を述べた。人類の文化が発展していく中でみられた隆盛と衰退の繰り返しの例外ではなく、自動車産業にとっても危機であるといいたい。日々生み出される技術には、いまの世の中で価値があるもの、未来の社会で役立つもの、などいろいろあるが、そのなかでも経済成長あるいは人類の文化が発展していく流れをつくるような影響の大きいものは、その時代時代でいくつか存在する。技術には大小さまざまなものがあるが、万人共通のニーズを今まで以上に満たした技術が、そういう大きな技術であり、歴史あるいは経済成長の転換を促す力を持っているのである。

では、万人共通のニーズとは何か。自動車に限らず、自分がよりストレスなく、思い通りに何かができる、そういったことにつながる技術が、万人共通のニーズの一つの解だろうと筆者は考える。逆にそうでないニーズは、個々人のニーズに合わせたもの、極端に言い換えてしまえば趣味や嗜好になってくる。その意味では、今の自動車技術は万人共通のニーズをそれまで以上に満たした技術であったからこそ、世の中にここまで爆発的に普及した。

そういった技術は、普及当初は未成熟な段階で世の中に投入されるのが常である。それが実用の中で徐々に成熟していき、よりストレスが少なくなり思い通りにという万人共通のニーズをその技術の持つ限界まで満たしていく。

ニーズを満たした後に残るもの

技術は退化していくことはない。基本的に一方向に進むものであるから、向上していくしかない。技術は万人共通のニーズを満たすためにどんどん高められていく。ただ、一定のところまで高まると、その技術の持つ限界に達する前に万人共通のニーズを十分に満たしてしまう場合がある。その場合それでもなお、技術がそれを上回ってしまう状態になっていく。それを人間は、最初過熱した状態で求めるのだが、何かをきっかけに熱はさめてしまい、新たなフェーズに移っていく。それが何か。2つの方向があるだろう。

人間がより自由に、よりストレスなくその技術を手に入れるという方向から、コストカットしてより安くそれを進めていくという方向と、個人に合わせたニーズ、すなわち趣味や嗜好を満たす技術に進んでいく方向だ。

人間がある技術に対してさめた瞬間、それを安く手に入れたい、あるいは自分の趣味嗜好に合わせたかたちで手に入れたい、というニーズに変わっていく。逆に開発サイドとしては、コストカットという話になれば、当然、利益は減っていく。自分たちが今まで好きなようにやっていたことがどんどんできなくなり、人件費も賄えなくなってくる、ということになる。すると、弱い企業から徐々に窮地に追い込まれていき、不正や倒産が増えていくという時代に突入してしまう。

もう一つが趣味や嗜好だ。企業のブランディング戦略などによってうまく生き残れたらいいが、それまでの万人共通のニーズを満たすために商品をつくってきた企業が大幅に縮小させられてしまう要因にもなる。いずれにせよ、弱い企業から次々に倒れていき、それまでのマーケットの規模が縮小してしまうのが、さめた時期になる。

ただ、どんどん規模が縮小していき、やがてゼロになるかというと、ゼロにはならないだろう。誤解をおそれずにいうと、いわゆるクラシックと呼ばれるジャンルとして、規模が縮小していくなかでも残ることはあるだろう。しかし、限りなくゼロに近くなる。もともとあったマーケットに比べるとぐっと縮まってしまうことになる。

最終的には、次にまったく違う新しい技術が出てきて、古い技術を一掃することになる。その技術がまた進化し、また古くなって、次の新しい技術が出てくる。そのサイクルを繰り返していくことによって、技術面でいうならば、世の中の文化なり経済なりが成長してきたといえる。現代の一大産業である自動車も例外ではない。

乗り物の歴史をさかのぼる

では、それは本当なのかというところを確認していこう。ここで述べたようなことは自動車産業でもやはり起きている。そもそも自動車は乗り物なので、その原点に戻って考えてみると、そういうことの繰り返しで現在の自動車が生まれたと想像できる。

乗り物の起源は、人間が道具として使っていた木や石に乗り、それを乗り物としていた時点から始まる。あるいは、人間も含めた生物、とくに牛や馬を利用していた。それらが基本的な乗り物の元祖だろう。

昔は、いろいろなものに乗っていたことだろう。そして、陸上で残った乗り物の一つが馬で、それをたくさんの人が利用するために登場したのが馬車である。先ほどの、技術の隆盛と衰退というなかの一つの過程として、馬と馬車の利用が生まれてきた。乗りやすく、よく働くので、使いやすかったのだろうと想像できる。

では、馬はどのぐらいの時期から使われていたか。紀元前２８００年から２７００年ぐらいの古代メソポタミアの遺跡から、粘土の模型が発掘されていて、これは戦車だったらしい。馬を動力とし、後ろに人が乗って戦うための乗り物というかたちで残っている。この時代、牛や豚、羊も乗り物として使われていたかもしれないが、なかでも馬はよく働き、従順であるところから、よりストレスなく思い通りに動く乗り物だったと考えられる。

ただ、日本では、馬車の文化はあまり普及しなかったようで、人力車が主流だった。その理由は諸説あるが、山が多いので馬車を走らせる道路をつくるのに適していなかったとか、そもそも馬車文化の伝来が途中で止まっているとか、いずれにしても、あまり普及しなかったことはたしかだ。

馬と馬車の時代から蒸気機関へ

自動車の歴史は百数十年しかないが、馬と馬車は主力の乗り物としてかなり長い間使われてきた。いまの自動車が現在の交通体系をつくったようにいわれるがそうではなく、馬や馬車の歴史は長く、それらが自動車に置き換わって今の交通社会が生まれた。たとえば、タクシーの先駆けである辻馬車は1625年にロンドンで生まれている。その後すぐにパリにも登場し、走行距離に応じて料金が加算されるシステムが、もうこの頃に導入されている。

1662年にはバス（乗合馬車）も出てくる。これは陸上の公共交通機関の元祖といわ

図１　キュニョーの砲車（パリ工芸博物館）

れている。鉄道も最初は馬車だったらしい。鉄の軌道はあったが、機関車になる以前は馬を動力源として走らせていた。走行抵抗が少ないので、馬は楽に走ることができる。そのように馬や馬車は長く使われており、おそらくこの時代の人たちは馬や馬車は永遠になくならない乗り物だと思っていたに違いない。

そんな状況で生まれてくるのが蒸気機関である。蒸気機関はワットが有名だが、自動車に置き換えると、最初に蒸気で走る自動車をつくったのはニコラ・ジョセフ・キュニョーといわれている（図1参照）。こういう技術は戦争をきっかけにつくられることが多く、最初は大砲運搬のために発明されたらしいが、目的通りにはうまくいかなかったようだ。

その後、ワットがつくった新たな蒸気機関を使った自動車が、徐々に馬車にとって代わるという動きはあったが、蒸気機関は扱いが難しいこともあり、また、ずっと馬車をやってきた人たちの抵抗もあって、交代はなかなかうまくいかなかった。まさに、今の自動運転と状況が似ているかもしれない。

それでもその後、馬車はどんどん追い詰められていく。特に、鉄道に蒸気機関が入ったことで長距離の移動に馬車を使うことはなくなってしまった。徐々に縮小していく市場を危ぶんでの抵抗はあっただろうが、それもむなしく市場はさらに小さくなり、熾烈な生き残り競争が繰り広げられたことは想像に難くない。

内燃機関自動車の登場

蒸気機関のあと、ようやくガソリン車かというとそうではなく、電気自動車の時代が一瞬あったようだ。構造的に簡単だったこともあるだろうが、1899年には時速100キロメートルを超える速度で走行する電気自動車が生まれていた。その後で、内燃機関の自動車が誕生する。

1885年あるいは1886年に、ドイツのダイムラーとベンツが内燃機関自動車を完成させ、ベンツがそれを売り出した（図2参照）。その後、爆発的に自動車が普及して馬車を完全に駆逐してしまう状態になったのは、アメリカでのT型フォードの登場による。

図2　ゴットリープ・ダイムラーのエンジン付き馬車（http://www.motorstown.com/54589-daimler-motorkutsche.html）

図3　T型フォード

1903年、フォード・モーターが設立され、1908年にT型フォードが登場して1927年までに1500万台以上が生産されている（図3参照）。ここで内燃機関自動車の時代が到来した。

内燃機関自動車が人気になったのは、それまでの技術であった馬車よりも、「よりストレスがなく、思い通りに」動くというのがキーワードになる。速く走るし、簡単に動き出せるということもあった。蒸気機関は始動に時間がかかるので扱いにくかったようだが、そういった意味でもストレスがない。メンテナンスの費用も馬ほどはかからない。コストも含めて、先のキーワードのあらゆる面で内燃機関自動車が勝ったことから、ガラッと状況が一変した。

内燃機関の自動車の燃料だが、石炭では内燃利用ができないので、ガソリンが使われた。当時のガソリンはかなり安く、コスト面でも相当優位だった。石炭は主に蒸気機関で使われていた。蒸気機関は蒸気を発生するまでに時間がかかるし、止めようと思っても簡単に止められないし、制御面でかなり扱いにくい機関であった。そのため当時、蒸気機関、電気自動車、内燃機関自動車があり、取り扱いやすさという意味では電気自動車に分があったが、結局、内燃機関が勝ったのはトータルとして一番「ストレスなく思い通りに」できたのだろう。とにかくガソリンを入れれば動くのである。また、昔の電池では実用に耐えるまで航続距離が伸びなかっただろうし、充電にも相当な時間がかかったことだろう。ガソリンの取り扱いやすさが内燃機関自動車を勝たせた大きな要因であった。

公共交通機関の発展

ここまではどちらかというと自分で運転する車の話をしてきたが、公共交通機関も忘れてはならない。陸上交通機関は、馬車の時代に誕生した。それまでは、お金がなかったら徒歩だったし、馬を持てるかどうかということだったが、それを埋めるものとして、公共交通機関が生まれてくる。

お金を節約する代わりに多少の不自由は我慢しようということである。不自由とは何かというと、採算がとれなければいけないので、移動範囲が限られてくる。移動範囲の不自由を我慢するということもあるだろう。また、車を乗りこなすという趣味嗜好に対する不自由の我慢もあるだろう。そういったものの我慢でお金を節約するというのも、新たに生まれた経済的な行動の一つである。

最初は乗り合いの馬車やタクシーに相当する馬車のようなものが存在し、その後、鉄道が生まれた。その動力が蒸気機関になって、短・中距離では馬車のバスやタクシーが残っていたようだが、長距離では馬車がすたれていった。その意味では、鉄道が生まれた蒸気機関の時代から、機関の種類は異なっても、公共交通機関のかたちは今も昔もそう変わらない。

では、昔と今では何が変わったのか。鉄道網は変わった。バスやタクシーは地域を限定して走る乗り物にかなり近くなってきたが、ほとんどが鉄道でカバーされる。特に都市部では、現在、鉄道網は相当整備されている。これが一つの特徴だろう。現在のわれわれにとって、公共交通機関を使うことで「移動範囲の不自由を我慢する」という感覚が薄くなっていることは、公共交通機関が主流となった現代の特徴として頭の中に入れておく必要があるだろう。

「より速く」「より乗り心地よく」走るための技術

話が脱線したが、自動車が馬車を駆逐したわけで、そのうえでどうなっていくか。技術の進化と文化の進歩は流れを同じくしており、ともに高度化がどんどん進んでいく。自動車においては「より速く、どこにでも、乗り心地よく」移動できることがポイントになってくる。どこにでも行けるのは、もともと内燃機関の持つ能力である。道が整備されてどこにでも行けるのがポイントで、公共交通機関よりもさらにいろいろなところに行けるのである。

重要だったのは「より速く、乗り心地よく」だ。乗り心地よく、より速く目的地に到達したいという欲求が、徐々に満たされていく。乗り心地をよくする技術の一つにサスペンションがあり、そもそも馬車で開発された。石畳の上を「ころ」だけで走っていたら、馬車は相当に乗り心地が悪いだろうと想像できる。バネをつけて乗り心地をよくしようという馬車が開発された。さらに、独立懸架と呼ばれるサスペンション、いまやほとんどの乗用車に装備されている、車輪ひとつひとつにサスペンションをつけて乗り心地をよくしようという技術が、1920年代後半には開発されていた。そして、1931年にはメルセデス・ベンツ170がこれを採用している。現代の車のサスペンション機構と同じ機構がすでに登場している。

さらに1888年、ダンロップの創業者が自転車に空気を入れたタイヤを採用している。もともとゴムタイヤは存在していたが、その中に空気を入れて乗り心地よく、より速く走れるようになったのである。

「乗り心地よく」と「より速く」は、かつては同じ意味であった。乗り心地がよくないと、スピードを出したときに危険だからである。衝撃を吸収しないと、速度が上がるに従って衝撃が大きくなっていくから、とても乗りにくい乗り物になっていたが、それを解消したことによって、より速く走れるようになった。

自動車に空気入りタイヤが導入されたのは、フランスのタイヤ会社のミシュランが耐久レースで使用したのがきっかけだった。ミシュランが空気を入れたタイヤを使って走り、当時の平均速度の2倍半にあたる時速61キロメートルのスピードを出したことから、一気に空気入りタイヤが普及していく。その周辺には細かな技術の発展はあるが、さまざまな技術を取り入れて自動車が「よりストレスなく、思い通りに」動くような乗り物になっていった。

技術の高度化とスーパーカーの流行

第2次世界大戦後、自動車技術は高度化の加熱状態を迎える。アメリカでは大排気量のエンジンを搭載した大型乗用車が大流行する。この頃は「消費社会」がキーワードの一つだったのだが、それに乗って、必要以上に、馬力のある車が出てきた。

それに少し遅れて、1960年代から70年代、欧米の自動車の性能は、人間が欲しいと思う真のニーズを十分に満たす程度のものになっている。この頃は性能があまりに飛躍的

図4　ポニーカー（初代マスタング）

に向上したので、車はスポーツタイプに向かっていく。たとえば、フォードのマスタングが有名だが、こういったスポーティな車が人気を集め、イタリアではスーパーカーにつながる車がつくられるようになる。流線形の車が出てきて、最高速度を競うようになる。それにかなり後れて日本でもスーパーカーが大流行する、という流れである。

ここまで日本は基本的に後れをとっているが、負けじと技術を高めていく。そして、１９８０年代から１９９１年に他の国を抜き去るような動きが起こる。アメリカ市場で販売台数を伸ばし、日本の自動車生産台数が世界ナンバー１になって貿易摩擦を引き起こすことになる。記憶にも残っているだろうが、この頃から日本が自動車の世界でリーダーに名を連ねるようになっていった。

「エコノミー」と「エコロジー」の方向へ

とはいえ、いま冷静に見てみると、自動車で求められる真のニーズは当時で十分に満たされていた。しかし、日本はバブル景気を背景に技術の高度化の過熱状態に突入し、そして冷めていく。日本ではバブルの崩壊、世界的規模でいえばリーマンショックなどの影響を受けて、他の先進国も過熱から冷め始める。かつてのハリウッドの俳優は「消費社会」の象徴のような車に乗っているイメージがあったが、最近では「プリウス」に乗るというように、過熱から冷めたような行動が多く見られるようになっていく。ある意味、自動車の真のニーズは満たされてコストカットの方向へ流れていくことの象徴であろう。

現在では、軽自動車の売り上げがどんどん伸びている。世界的にいえばハイブリッド車、クリーンディーゼル車が伸びている。エコロジー重視という見方もあるが、エコノミーについてもきちんと考えなくていけない。燃費が良いということは地球にやさしいことだと思って車を買う人は稀有だろうが、自分の財布に優しいことが、車が売れる主因になっている。これはまさにニーズがコストカットに向かっている象徴である。

一方、公共交通機関網も飛躍的に発達した。すると、自動車を買わなくても、公共交通機関で何とかなるという考えが台頭してくる。コストカットの流れのなか、車はもういらない、公共交通機関でいいや、という人たちが増え、車離れが進んでいく。明らかにさめた傾向が現れてくる。

では、今後はどうなっていくのだろう。このままいけば、コストカットのニーズと車離れが際限なく続き、熾烈な生き残り競争に勝ち抜いていかなくてはならないばかりか、「よりストレスなく思い通りに移動できる」新しい技術（自動運転に限らない）にとって代わられることとなる。かといって、そうならないように、既存の自動車の枠に収まったままで熱気を再び取り戻すことができるかというところに立ち返ってみても、それは厳しいであろう。

さらなる「ニーズ」はあるのか

繰り返し書いているように、「よりストレスなく思いどおりに」というのが人間のニーズの根本にあるとすれば、既存の自動車の枠にとらわれる限り、それにも限界があるのではないだろうか。より高速で走る馬力のある車をつくり、目的地により早く着こうといっても、いまの車は人間が運転するのが前提だから、仮に馬力があって時速500キロメートルのスピードが出る車ができたとしても、それを乗りこなせる人間はいないだろう。人間の能力の限界によってそのニーズはすでに飽和している。そこを無理して、自分は時速500キロメートルの車を運転して思いどおりに行くのだという人もいるだろうが、交通規制があって社会的には認められない。もはや今の自動車のかたちでは、よりストレスなく思いどおりに走ることはできなくなっている。

自動車の「よりストレスなく思いどおり」を実現する要素として、いろいろなところに行けることが一つ、より速くが一つ、もう一つの「より乗り心地よく」がある。「より速く」を復活させることはできないとしたが、「より乗り心地よく」もやはり限界を迎えている。なぜなら、運転のしやすさと乗り心地とのトレードオフの関係ができているからである。たとえば、レーシングカーは乗り心地をよくするとスピードが出ない。結局、人間が路面から何らかの情報を得て車を操作するためである。これは一般的な自動車も同じで、なるべくストレスなくということで、振動など無駄な外界からの負荷をシャットアウトした状態をつくることだとするならば、運転はしにくくなってしまう。運転しやすくするためには、乗り心地をある程度犠牲にしなければならない。この関係があるので、ここをブレークスルーするのは論理的に難しいという点で限界を迎えているのだ。

「いろいろなところに行けるように」という点では、少なくとも日本では、ほとんどどこにでも行けるようになっている。どこでも舗装道路になっているという意味でも、これ以上拡張することの限界がある。

このように人間が運転する自動車であり続ける限り、かつての熱気を取り戻すことは厳しい。

「安い車」を求める

率直にいうと、「もうこれで十分安い」といわれだした瞬間、その技術は高度化する本来の意味を失う。安いものでユーザーを満足させてしまうのだ。以前の牛丼のコスト競争と同じように、旨いのだから、あとはコストが安いほうが勝者になる。そうなると、開発側というか供給側としては、非常に苦しい商売をすることになっていく(最近の大手の牛丼屋は個々に特徴を出して、互いに不可侵とすることで生き残りの道を模索しているように思える)。

はたして自動車はどうなっていくのだろうか。自動車メーカーは、今まで「どこにでも、速く、運転しやすく」行けることを追求してきた勝者だ。彼らは、この過熱競争がさめても乗り心地の動力性能を追求していく。その部分でイニシアチブを競っているのだが、ユーザーはすでに冷めてしまっている。そんなことはもういいじゃないか、安ければいいよ、ということになっている。結局、安いというのは儲からないことである。

唯一言えるのは、最近のハイブリッド車であろう。これもコストカットの流れに乗る技術という意味では、衰退していく流れのなかでの生き残りの一策ともいえる。ただし、先細りしていくという方向性は変わらない。「もうこれで十分」というところを追求していって、価格が安くなり、利益が減って会社が成り立たなくなる。今のところ、ハイブリッド車という技術を開発したことでトヨタ自動車は勝者になっているが、これがずっと続くわけではないだろう。ハイブリッド車の次にさらに安くてすむ技術が生まれたら、その市場は奪われていく。その間にも公共交通機関にユーザーを奪われていくので、市場はどんどん小さくなっていく。

最近もよく取りざたされる燃料電池車や電気自動車といった技術があるが、これらは現状においては「よりストレスなく思い通りに」なる決定的な要素はなく基本的には「環境にやさしいだけ」の技術である。地球環境に配慮すべきことは筆者もまったく異論はないが、それが、ユーザーが車を買うときの優先順位を高くするほどの意識として育まれてはいない。仮に国の補助などによって導入を促されたとしても環境にいいというだけでは今のエンジン車から変わっていく力はないだろう。

そして結局は、どんなに安くしても、自家用車を買うより公共交通機関を使ったほうが圧倒的にコストは安いから、自動車熱から冷めたユーザーはどんどん安い方に流れていってしまう。その結果、市場は縮小していく。

「高級車」と「安い車」の両極へ

ここまで自動車の話だったが、視点を変えるとたとえば洋服は何千年も前からニーズは満たされている。着て暖かかったり体の保護になったりすればいいので、基本的な機能は、もはやどの洋服にも備わっている。では、洋服の市場はどうやって成り立っているかというと、趣味嗜好かコストカットのどちらかだ。ブランド品はまさに趣味嗜好の最たるもので、ブランド品で着飾り、自分もこうなりたいといった欲望から買うのである。もう一方はユニクロのように、なるべく安く買いたいというユーザーに対する商品である。洋服の業界がそれでもなくなっていかないのは、洋服を超える新たな技術というか、それに代わるものが生まれてこないから、ずっと残っている。現在の自動車も行きつくところは洋服と同じで、一部のユーザーの趣味嗜好に合わせた「高級車」と、なるべく安く自動車での移動を提供する「安い車」に二極化していくのかもしれない。

次に電話業界に目を向けてみる。電話の変遷を大まかに分けると、固定電話、携帯電話（いわゆるガラケー）、そしてスマートフォンとなるだろう。よりストレスなく、思いどおりにという点で考えると、固定電話から携帯電話への移行は、どこでも会話できるというニーズによるものだろう。これは馬車が自動車に移行したことでどこへでも移動できるというニーズと類似しているといえなくもない。そして電話は携帯電話からスマートフォンに移行した。これはどこでも会話できるというニーズの延長線上ではなく、ＳＮＳやインターネット、ゲームなどの新しいニーズの発掘によるものだった。では、もともとの携帯電話をつくっていた人たちはどうなったか。スマートフォン以降の潮流に乗り遅れてしまった人たちは、市場が急速にしぼんでしまい非常に苦しい状態になった。

どんな技術であってもスマートフォンのように新たなニーズが市場を変革することはあり、自動車だけが例外ということは決してない。

電気自動車ベンチャーの脅威

その脅威の一つが電気自動車である。電気自動車の台頭は自動車を誰でも作ることができる時代にした。新たなプレイヤーが容易に自動車業界に参入できるようになったのだ。

自動車の動力の主流である内燃機関は非常に複雑な仕組みを持っているので、たくさんの専門的な技術を持った人たちが設計に当たらないと車は完成しない。こうして、自動車は多くの技術とノウハウに守られており、その結果、内燃機関をつくれるメーカーは限られてくるので、今の自動車メーカーを脅かすようなベンチャーは生まれにくかった。しかし、最近の電気自動車の流れは、それを覆す力をもっている。

電気自動車の動力は、エンジンとは比べものにならないほどシンプルな構造をした電動モーターである（図5参照）。実際の電動モーターは図よりは複雑であるが、理論上は極めて簡単である。細かい箇所において、たとえば現状より何パーセントかでも効率を良くするような技術開発となると話しは別だが、基本的な部分は、小学生でも作れる。

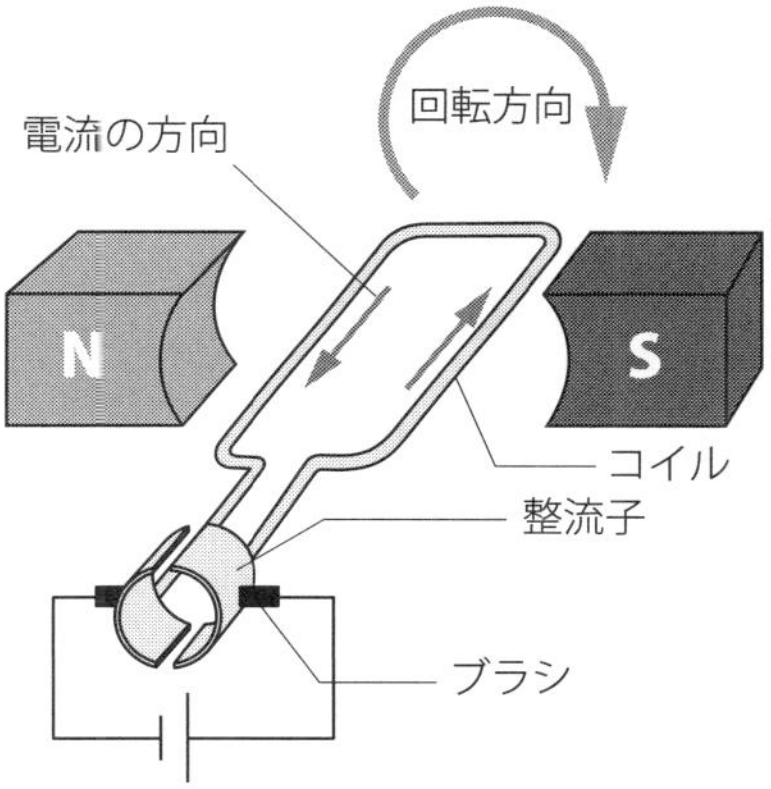

図5　モーターの原理

電気自動車はベンチャーのような小さい企業でもつくることができる。そして、これまでの自動車メーカーを意識せずに、つくり上げてしまう大きな力を持っている。テスラモーターズが近年台頭してきたのも、こうした理由が背景となっている。

仮に電気自動車が内燃機関自動車と同じような能力を持ち、いま抱えている航続距離が短いなどいくつかの問題を解決したうえでコストも安くなれば、内燃機関をつくる技術者を数多く抱えている自動車メーカーのほうが危機に陥る可能性は高い。従来の自動車産業は、部品をつくる関連メーカーも含めて背負っているものは多いので、身軽なベンチャーに負けてしまう可能性は大きい。

これまで電気自動車が台頭してこなかったのは電池に問題があった。モーターはシンプルな構造なのである程度容易に設計できるが、航続距離が伸びなかったのである。電池のエネルギー密度が小さいため、長距離を走るにはその重量が重くなってしまうなど、問題は山積するが、それも徐々に解決されつつある。リチウムイオン電池も生まれたし、充電装置もかなり充実してきた。

ここで電気自動車を挙げたのは、自動運転の流れと関連があるためである。自動運転も、これまでの自動車メーカーのイニシアチブに大きく影響される技術ではないため、自動車メーカーをあまり意識せずに開発ができる点で、電気自動車と同様である。加えて、電動モーターは内燃機関に比べてコンピューターで制御しやすい動力である点で、電気自動車と自動運転を合わせて価値をさらに高めることで、既存の自動車メーカーと競争するという戦略は十分考えられる。テスラモーターズが自動運転関連の研究開発に熱心に取り組むのも、こうした戦略の一環であろう。また、前述のように電気自動車は航続距離に問題があるため、常に残り走行可能距離を気にしながら運転しなくてはならなかったが、自動運転と組み合わせることで、充電場所やタイミングも車に任せることができることから、電気自動車の弱点が補われるという効果も期待できる。このように、電気自動車と自動運転が組み合わさることで、自動車メーカーの大きな脅威となる可能性があるのだ。

自動車産業は生き残れるか

ここまで述べたように、既存の自動車は現代の日本におけるニーズを満たすという意味で価値の限界を迎えていることは明白だろう。このまま既存の自動車で生き残るためには、極限まで安くするか、ニッチな市場に進んでいくかの二極化の険しい波に乗り続けるしかない。そうなると当然、既存の自動車メーカーやその周辺企業は椅子取りゲームを強いられ、倒産や不正が増える。特に不正は最近聞こえだしたキーワードで、まさに限界を迎えた自動車市場の縄張り争いのために、加速する排出ガス規制対応技術や燃費向上技術の開発に乗り遅れた企業が、追い詰められた結果の氷山の一角であるという見方もできる。

また、既存の自動車メーカーのイニシアチブが有効に機能しないばかりか、かえって足かせになる場合があるだろう。「どこにでも、速く、運転しやすく」をさらに追求するという、これまで常勝の土俵で相撲を取ろうとしても、そこに大きな市場はない。さらにその土俵を築くためにつくったピラミッド型の産業構造を抱えたまま、ＩＴ企業や電気自動車メーカーなど、まだ身軽な相手と新たな土俵で闘わなくてはならない。

上記に加えて筆者は、もう一つの自動車産業の危機を心配している。それは、現在、あるいは将来の自動車の購買者の主体となる若年層と、自動車メーカーやその周辺企業の、自動車に対する温度差の違いである。あらゆる企業にいえることだが、嗜好性の高い商品を取り扱う企業は特に、「その商品の嗜好性を好む人」で社内が構成されがちである。特に自動車においては、企業の上位層の多くは自動車人気が過熱した時期を謳歌していたので、「自動車を乗りこなす、あるいは所有する自分に酔う」といった自動車の趣味嗜好の価値を知っている。しかし市場ではそういう価値観を持つ人は少なくなっている。その温度差は自動運転で大きく、今後起こるさまざまな変革の波に乗る際の判断の遅れにつながる危険性がある。

このように、自動運転は自動車メーカーの常勝パターンの外にあることを、自動車産業全体が正しく認識しなくては生き残れない。そして、自動車産業が主産業の一つである日本全体が正しく認識しなくては日本全体が生き残れない問題であると考えている。あえてここで「日本全体」というのは、この筆者のメッセージは、実は自動車トップメーカーに向けられたものではないからである。

日本の自動車トップメーカーは、すでに世界的な企業に成長している。トヨタ自動車にいたっては、２０１６年現在で世界一の自動車販売台数を誇る。現在、彼らの主戦場は中国、インド、ＡＳＥＡＮといった新興国市場である。新興国市場においては、前述の問題の多くは取り除かれる。現地は、いわばまだ自動車を所有することが多くなかった時代の日本と同じような状況で、道路環境も十分に整備されておらず、「どこにでも、速く、運転しやすく」移動できる自動車が価値を持つ。また自動車を所有することそのものに価値が見出される環境にある。

自動車交通が十分成熟していない地域に自動運転車を投入するにはまだ技術的課題が多く、既存の自動車と競争できない。ちなみに電気自動車に関しても同様で、電気自動車は充電インフラ網を整える力が給油インフラ網を整える力に遠く及んでおらず、内燃機関自動車の競争力は高い。つまり彼らは現在のところ、新興国市場があり続ける以上安泰であり、自動運転など恐れるに足りない。彼らにしてみれば、仮に自動運転の台頭によって先進国市場が削られたとしても、その何倍もの規模がある新興国市場で君臨し続ければ、当分の間発展し続けられるのである。

ただし、この状況を日本という地域の視点で見ると問題が起こる。自動車トップメーカーは、すでに世界的企業として羽ばたいている。裏を返せば日本という地域に対する依存度が次第に薄れていることになり、その気になれば、日本を切り離して考えることのできる力がある。一昔前は、日本市場が彼らの主戦場であったため、人材確保も技術開発も製造も日本で行うほうが効率が良く、日本の人材や技術、経済が同時に発展できた。しかし今では、徐々に主戦場が世界に移行し、人材確保、技術開発、製造のすべてが世界に拡散したことによって、日本と企業の発展の関連性が薄まった。

これが、完全に新興国市場に移行したらどうなるだろうか。企業としては国際的に通用する一部の人材や技術を除き日本と切り離したほうが、効率が良くなるだろう。実際に、研究開発のような国際性の高い分野においては、すでにトヨタ自動車をはじめとした日本の自動車トップメーカーの拠点は他国につくられる傾向にある。つまり、日本には彼らが新興国市場で稼いだ利益の一部が税金として入るのみで、日本の人材や技術、経済の発展とはほとんど関係のないものとなってしまう。いや、もしかしたら市場の発展余地のある新興国に本拠地を移してしまうかもしれない。少なくとも日本として、日本の発展のために彼らをコントロールすることはできなくなるだろう。

直接的に影響を受けるのは日本の自動車産業の基盤を支える関連企業である。彼らの選択肢としては、自動車トップメーカーに伴って新興国市場に主戦場を移すこともできようが、多くの場合が難しい。土地の利を生かせないばかりか、自動車トップメーカーと現地の企業との板挟みのプレッシャーにさらされ、現状よりも苦しい立場となるだろう。

また、既存の自動車に関する人材確保、技術開発、製造が抜けた穴によって日本全体が間接的に影響を受ける。日本の人材や技術、経済の発展の循環がさらに鈍化してしまうかもしれない。

だからこそ〝日本の〟自動車産業、あるいは日本全体として、日本市場が主戦場となり、人材確保も技術開発も製造も日本で行うほうが効率が良い新たな市場をみつけることが肝要であると筆者は考える。現在の日本が抱えるさまざまな問題は、裏を返せば世界でも最も先進的な課題であり、これを解決することは日本市場が主戦場となり、かつ現在の自動車産業のように将来世界に羽ばたくチャンスそのものである。そしてこれまで述べたように、完全自動運転は、これまでの交通を変革し、現代の日本社会の課題を解決する有効な技術の一つである。

また、自動運転技術は必ずしも自動車メーカーが得意ではないことも述べた。だからこそ、日本の自動車トップメーカーが新興国市場で全力で闘っている今、その他の日本全体が一丸となって、完全自動運転をはじめとした基盤となる技術を実用化して、その基盤で先進的なニーズに応える新たな交通を生み出すべきなのではないだろうか。技術の開発競争は止まらない。日本が立ち止まっていても既存のものに代わる技術は必ずどこかで開発され、生き残る機会を失うだけである。

第4章 IT企業の台頭

自動車のロボット化とソフトウェア技術

ここでは、主にIT分野に分類される企業の動きについて、なぜIT企業が自動運転に参入してきたのか、その背景と、参入したことに対する考察を中心に述べたい。

IT企業が参入した背景を簡単に説明すると、自動運転は今までの自動車の技術開発に比べてソフトウェア技術の比重が圧倒的に大きいことが理由の一つであろう。

つまり、自動運転車は、自動車のロボット化を意味する。では、ロボットとはどういうものだろう。いろいろな定義があるが、周りの状況を感知するセンサーと、そのセンサーで得られた情報を処理して機械を動かすところ、すなわち、センサー、情報処理、機械制御の3つが組み合わさってロボットを構成する。すると、自動車はロボット化してきているということができる。

ロボットという言葉も突然生まれたわけではなく、かつては「電子化」と呼ばれていたこともある。電子化の最新の形態が「知能化」、あるいは「ロボット化」だろう。

つまり、自動車のロボット化は遡ると電子化につながるので、そう考えると、最近始まったことでは決してないということになる。たとえば、フューエル・インジェクション（燃料噴射装置）、オートマチック・トランスミッション（略してオートマ、自動変速機）、ドライブ・バイ・ワイヤ（電線内を通る電気信号で制御するシステム）、電子制御ブレーキといったものはすべて自動車の電子化である。注意してほしいのは、自動車にロボットが跳び乗ったわけではなく、今まであった自動車の部品の一つひとつがロボット化してきたという点である。

初期の電子化技術

燃料噴射装置（フューエル・インジェクション）は、エンジンの燃料を噴射する部分を調整する機構で、自動車のかなり初期の時代の電子化技術といえる。それまではキャブレター（気化器）と呼ばれる一種の霧吹きのような機械的な仕組みで燃料の量を調整していた。エンジンにキャブレターを使えば、燃料が細かい粒子になるので空気と混ざりやすくなり、シリンダー内で効率よく燃焼できる。しかし、機械的な仕組みは調整が難しいし、つくるのも難しい。当時のスポーツカーはキャブレターの調整が非常にデリケートで、それによってエンジンの性能が大きく左右された。

一方、フューエル・インジェクションは、ソレノイド（ソレノイドバルブ、ソレノイド弁）と呼ばれる電気で始動させる機構になっている。たとえば、バルブスプリング（バルブを閉じるためのバネ）と組み合わせ、バルブを開閉する機構に使われる。

キャブレターは純粋な機械のため、走りながら状況に応じて自動で調整されるものではなく、温度や湿度、気圧といった条件で霧吹きの量は微妙に変化してくる。こうしたあらゆる条件で最適な状態になるようにキャブレターを調整するのは非常に難しかった。したがって、霧の量を電子的に制御できれば、優位性が出てくる。

まず、設計が簡単なことから使われ始めたようだ。さらに、キャブレターは霧を吹く必要があるので配置が限定されるが、ソレノイドは基本的にはどこに置いても使えるので、配置の自由度が高い。

こういうフューエル・インジェクションが出てきて、徐々にキャブレターにとって代わ

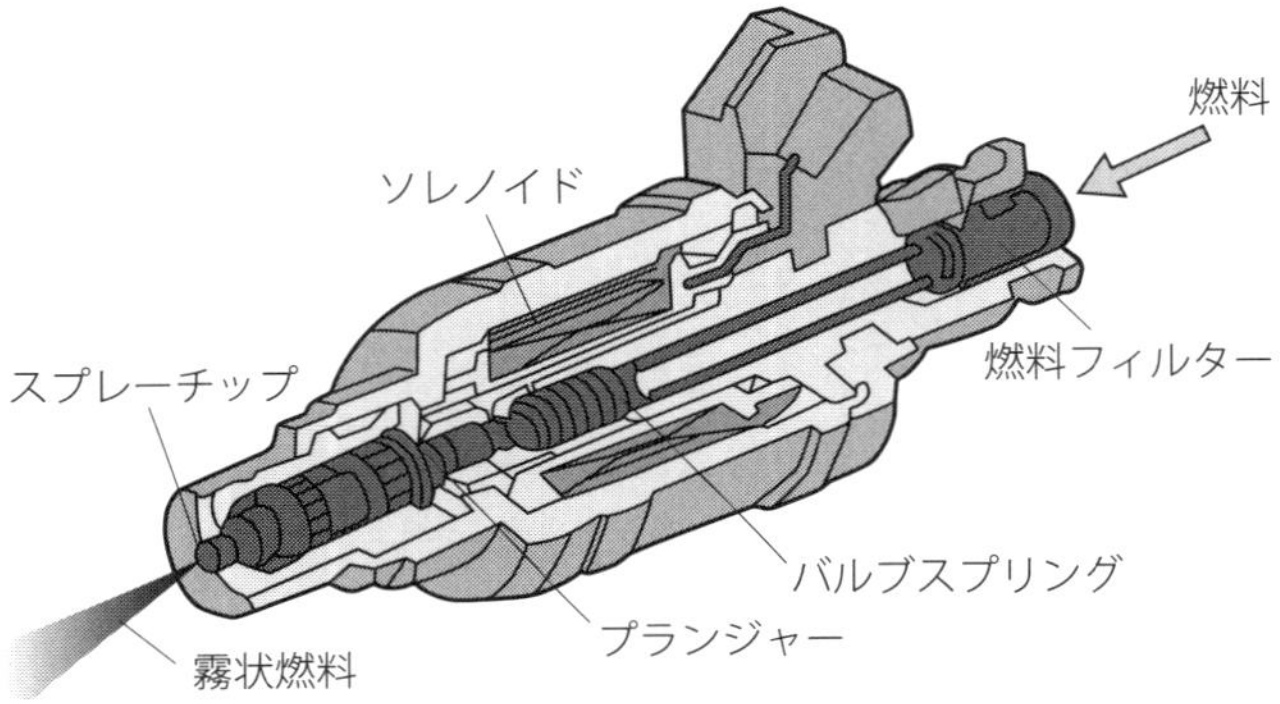

図1　フューエル・インジェクションの原理

っていった。フューエル・インジェクションというと、電子的に制御できる燃料噴射装置のことを指すが、機械的に動作するものも存在していた。電子制御式というところが非常に優位性をもっていた点である。

では、このアクチュエータ（駆動装置）はどうやって動かしているのだろうか。空気が入って実際には酸素が燃えるので、酸素を計測するO_2センサー、吸引の空気圧力センサー、吸気温センサーなどから情報を得て、ソレノイドの制御量を算出し、噴射量を調整する機構になっている。だから、これは広義にはロボット化といえる。

トランスミッション（変速機）の電子化

次に電子化された部品の代表例がトランスミッ

ションだ。かつてトランスミッションは手動のマニュアル式だった。現在もマニュアル車は存在するが、運転のなかでもトランスミッションのシフトアップ（低い変速から高い変速に上げること）とシフトダウン（高い変速から低い変速に下げること）は煩雑な操作の一つとされているので、それをオートマチックにすることは非常に価値があったのである。

マニュアル操作は、エンジンとトランスミッションの間にクラッチ機構といってエンジンからの動力伝達を制御する機構があり、その後ろにいくつものギアが存在し、スリーブと呼ばれる部品をレバーで操作することで有効なギアを選択して動かす。そこでギア比を選択し、最終的にそのギア比でタイヤまで動力を伝達していたが、オートマチック・トランスミッション（自動変速機）が生まれてからは、クラッチ機構の代わりにトルクコンバーターと呼ばれる扇風機の羽根を2枚重ね合わせたような機構がつくられた。さらに、トルクコンバーターの中にロックアップ機構と呼ばれる機構が入っており、トルクコンバーターの動力伝達効率を補っている。マニュアル式からオートマ式に代わることで、トルクコンバーターという新しい機構が生まれたのである。さらに、スリーブの操作に代わる部分として、油圧でソレノイド弁を制御する機構が生まれた。もともとは、スリーブが動くことによって動力を伝達していたのだが、ポンプとソレノイド弁をうまくコントロールすることによってシフトの部分に油圧を伝え、マニュアルでギアを選択するスリーブ操作に代わる機能が生まれた。こうして電子的に制御でき、電子化されたのである。

アクセルとブレーキの電子化

以上の2つに比べて、比較的近年になってから電子化されたのがアクセルとブレーキだ。特にブレーキの電子化は最近のことである。「ドライブ・バイ・ワイヤ」という言葉があるが、もともとアクセルペダルには、エンジンに付いているスロットルバルブをワイヤで引っ張って開閉する機構が付いていた。アクセルペダルの動きとスロットルバルブとは機械的に連結していたが、最近はそうではない。アクセルペダルにはワイヤがつながってはおらず、電気的な信号を送るためのものになっている。アクセルペダルの根元のところに、アクセルペダルの開閉を電圧に変換する装置が付いていて、開閉によって電圧が変わり、その電圧をコンピューターが読み取る。さらに、コンピューターがスロットルバルブに付いているモーターをコントロールするという構造になっている。

こうした変化の結果、今はアクセルとスロットルとは電子的に連結しているが、機械的には連結していない。この利点は、配置の自由度が高まるとともに、コンピューターを介しているため人間が操作したものに対して、自動車本体からもある程度介入できることである。

さらに、アクセルに続いてブレーキの電子化も進んでいる。ブレーキの電子化が遅れた理由は、ブレーキは油圧のコントロールが必要となるが、これを電子的に精密に行うことが技術的に難しい点があげられる。また、ブレーキ自体が自動車の安全にとっての最後の砦であることも大きな理由であろう。電子化して、コンピューターの故障によってブレーキが効かない、ということが決してあってはならないので、そのためにブレーキを電子的なつながりのみにするのは危険である。しかし、こうした技術的課題に対して活発な研究開発が進み、機械的にもつながった状態を保ちつつ、電子的にも制御可能なブレーキシステムが実現している。

ソフトウェア開発とIT企業の台頭

こうして、従来は人間が自動車の制御を機械的に行っていたが、電子化が進むことで自動車の制御はすべてコンピューターが介在できる状態になってきた。コンピューターが人間の運転をアシストできるようになってきたのである。第2章で説明したようなCCやACC、LKASといった運転支援システムは、まさにこうした電子化が進んだからこそ実現したシステムに他ならない。こうしたシステムの判断や操作量の計算はコンピューター上のソフトウェアで行われる。最近ではこうしたシステムが行う運転をよりドライバーにとって自然な運転に感じられるように、機械学習を行う研究開発なども行われているが、こうした最近の知能化を進める場合にも、その大部分がソフトウェア開発となる。

そして、その延長線上の最終形態が自動運転である。アシストというより、今まで人間が機械的に自動車を動かしていた部分を、電子化によってコンピューターが人間に代わって操作できるようになり、「それならすべてをコンピューターに任せてみよう」という挑戦が自動運転の始まりである。

では、具体的にどうするのか。コンピューターに人間と同じ操作をさせるなら人間と同じ認識（センシング）をしなくてはならない。となると、人間の認知機能を再現するセンサーを付けなければならない。しかし、これまで人間と同じ能力を持つセンサー技術を本気で製品化する取り組みがなかったため、まずはセンサーを開発する必要があり、さらにそれを使って判断するソフトウェアの開発が必要となった。つまり、制御の部分は、ほぼ人間にとって代われるような機構ができあがった。いま重要なのは残された認知と判断の部分である。

認知機能を担うソフトウェアに焦点を当てると、センサーはまだ十分とはいえないが、それに代わるようなものはできつつある。たとえば可視光カメラは、人間が見ている視界をコンピューターに取り込むことができる一つの手段だ。また、人間は両目で距離感がとれるが、ステレオカメラの技術やミリ波レーダー、レーザーレーダーなどの装置を使うことで、コンピューターが物体との距離を得ることができるようになってきた。運転に必要な耳の機能も、マイクを使えば備えることができる。まだ十分ではないにしても、そういった機能はいちおう揃っていると考えるならば、次は、人間と同じことが考えられるコンピューターが必要になってくるだろう。

今までの自動車は人間が判断して動かしていたが、コンピューターが運転する場合、「3つ目の信号を左に曲がる」という情報をどう伝えるかが非常に難しい。あるいは、人間なら前の車を追い抜くということを平気でやってのけるが、そのためにどういう認知をし、どういう判断をしているのか。人間はかなり「だろう」運転をしてしまいがちで、必要な認知や判断を怠ってしまうという特性はあるにしても、あいまいな部分を除いて、正しい判断とは何なのか、停止線で停止するとはどういうことなのかというところを情報としてインプットしていかないといけない。

こうした機能を実現するには機械的に、どのような位置にセンサーを取り付け、どのようにアクチュエータを動かすかも重要な要素ではあるが、やはり大部分の研究開発はソフトウェアの領域になる。IT企業が台頭するのは必然といえる。

ハードウェア重視の自動車メーカー

元来、自動車メーカーはハードウェアのスペシャリスト集団であった。自動車メーカーの人たちから話を聞くかぎり、ハードウェアに強い人を重視し、ソフトウェアは軽視する傾向があったことは否めない。今でこそ、自動車メーカーはソフトウェアの技術を持った人材を積極的に採用しようとしているが、以前はハードウェアのスペシャリスト――設計、機械工学の四力学（熱力学、流体力学、材料力学、機械力学）――を最重要視していた背景があり、自動車メーカーにソフトウェアを開発しようという土壌があまり育っていなかったことが、IT企業が台頭する一つの要因かもしれない。

もう一つ、筆者が注目するポイントは、企業が目指す方向が明確な場合は、縦割り型企業のほうが強力である場合が多いということである。ほとんどの大企業（自動車会社や家電メーカー）は、どちらかといえば縦割りであることが多かった。このことは、近年において、とかく悪いことのように言われがちだが、決してそんなことはないと筆者は考える。たとえば、車をより速く走れるようにする、より乗り心地をよくする、そうすれば必ずよく売れるようになると決まっているのなら、縦割り型のほうが効率はいいはずだ。横でつながっていなくても、とにかくある面をよくするための専門集団（部隊）になってしまえばいい。目標に対して集中し、徹底的にやったほうが、力を発揮できるのである。

自動車においては、速さや乗り心地の部分を追求する集団が自動車メーカーであった。速さや乗り心地を極める集団であったため、縦割りであることが重要だったのだ。

家電メーカーでは、より洗浄力のある洗濯機をつくる、より電力消費の小さい洗濯機をつくる、そうすれば売れるようになるという時代だった。エアコンも同じで、より効率的に部屋を涼しくできるものが売れた。そういった時代だったから縦割り型企業が有利だったのだが、今の自動運転の世界ではどうだろうか。

ここに至って、自動車の価値があいまいになってきている。一般的に自動車離れが進んでいて、より速くといっても、すでに人間の運転技術がついていけないレベルにまで車の性能が高まっている。乗り心地も、軽自動車で十分快適だというユーザーが増えてきている。車のどこに価値を見いだすのか、車に何を求めるのかが多様になってきているという背景がある。

自動車業界も、ＩＴが強みとする世界に変わりつつあるといえるかもしれない。ＩＴの強みである、新しい分野に挑戦するためのネットワークをつなぐ、大きな変化にも対応できる企業が自動車の世界にも必要となってきている。それが自動車業界にＩＴ企業が台頭してきた理由であろう。

そういう意味で、自動運転車は新しい、既存の自動車の分野を破壊し得る力を持つ新しい技術であり、組織構成からしても、ソフトウェアのスペシャリストという技術の点からしても、自動車メーカーよりもＩＴ企業のほうが強みをもつ可能性が高い。ＩＴ企業が台頭してきたのは、必然的な流れである。

自動運転とグーグル

自動運転の分野でＩＴ企業というと、まずはグーグルを取り上げなければならないだろう。

グーグルといえば検索エンジンが有名だが、検索エンジンの背景にあるクラウドコンピューティング、それを開発するためのソフトウェア、収入源であるオンライン広告と、インターネット関連のサービスと製品を幅広く提供する多国籍企業である。主たる収入源はオンライン広告であるというところがキーワードである。

もともとは検索エンジンの広告収入だったが、収入源を広げる過程でグーグルがさまざまな情報を持つようになってきた。この多種多様な情報を使って、検索以外のサービスを提供し、そのサービスへの広告を募集することによって、さらに収入を増やすのがグーグルという企業のこれまでのやり方である。

グーグルはこれまでに広告だけではなくさまざまなサービスに手を広げてきた。その代表的な例がストリートビューやグーグルマップ、アンドロイドだ。また、自動運転の開発は、スタンフォード人工知能研究所の元ディレクターであるセバスチアン・スランとストリートビューの開発者が共同で進めている。

自動運転の開発は、国防総省が主導するＤＡＲＰＡグランド・チャレンジで研究開発に携わった人たちがグーグルに招かれ、エンジニアとして活動した。彼らはＤＡＲＰＡグランド・チャレンジではスタンフォード大学のチームとして活躍し、２００５年に優勝している。

グーグルは公道での自動運転を先駆けて行っている。ネバダ州で公道の自動運転走行を実施するためにロビー活動を行い、それが功を奏して同州で自動運転を可能にする法律が２０１１年に成立した。当初から自動車メーカーの市販車両を自動運転車に改造して走らせていた実績が認められ、自動運転車専用のライセンスが２０１２年5月に発行された。さらに、フロリダ州、カリフォルニア州でも公道での実験が可能となり、自動運転分野での実績を重ねている。

　このようにグーグルは自動運転にさまざまな実績を積んでいるが、自動運転を次世代の産業に結びつけようと鼻息を荒くしているのかというと、どうもそうではないようだ。

自動運転に参入したわけ

　グーグルはもはやマンモス企業であり、先行投資のための資本はうなるほどある。膨大な資金力を背景に、２０００年代初めから自動運転だけでなくさまざまなことに手を広げている。広告による収益拡大につながるであろう技術に対して、先行投資ということで幅広く出資しているようだ。

　たとえばアンドロイドは、その成功例の一つだ。スマートフォンに一番多く使われているＯＳで、彼らはそれをベースに大きな収入を得ている。グーグルマップも同様の戦略だ。若い人たちはグーグルマップをスマートフォンに載せ、それをナビの代わりにすることが多い。グーグルの掌の上にみんなが乗りはじめていることになる。そこに適切な広告を打てば影響も大きく、当然、広告が集まるようになり、収益拡大につながる。自動運転もそういったいろいろな動きのなかの一つのテーマにすぎない。

自動車の中の空間は、今までインターネットを使うような環境ではなかった。安全運転のために携帯電話を使ってはいけないというのはもちろんだが、それだけでなく、車での移動の時間にインターネットを使う必要がなかったのである。車での移動時間にも何かグーグルの広告収入につながるサービスを提供できるのではないかといった考えから、自動運転に取り組むようになったのだろう。

グーグルマップもその一つである。地図を最も必要とするのは自動車で移動する場合だ。自動運転車でグーグルマップを使うことで、インターネットにつながる時間がより長くなれば、当然、彼らの収益につながるため、自動運転の分野に参入するという考え方である。

そう考えると、彼らはハードウェアとしての自動運転車を売るという考えはおそらく持たず、狙っているのは、自動運転のソフトウェアのプラットフォームであると、想像できる。まさしく、「自動運転アンドロイド」のようなものだろう。それ自体で料金をとることは、ないかもしれない。オープンソースにして、アンドロイドと同じような戦略でいく可能性はある。

自動運転をやり始めた理由はもう一つある。自動運転のプラットフォームを狙っていると書いたが、それなら既存の自動車のソフトウエア・プラットフォームを狙うという考え方もあるはずだ。それができないのは、既存の自動車のソフトウエアのマーケットはすでにパイが硬直した状態にあり、参入の余地がないからである。その意味で、既存の自動車を拡張していった技術に対してグーグルがアプローチしても大きな壁があり、参入の余地はない。それなら、当時はまだ誰も見向きもしなかった、大きな可能性をもつ自動運転に投資をして自動車市場を一気にひっくり返せば、自分たちのソフトウェア・プラットフォームが参入できる余地もある、というような流れが考えられる。仮にそうだとすれば、グーグルの考えていることは的を射ているだろう。

ソフトウェアを支配し、自動運転で人間が運転から解放される方向へ行くならば、そこに使用されているアプリケーションもすべて支配することができる。アンドロイドとまったく同じプロセスだ。車の中でいろいろなことをしたい人たちに対して提供するアプリケーションの基盤は、すべて自分たちで押さえることができるからだ。さらに、自動車におけるＩｏＴ（モノのインターネット）は、そこまで大きな可能性を持っているかどうかは未知数ながら、そこから莫大な収入を得られる可能性は十分にあるだろう。

そう考えると、彼らとしては自動車メーカーと競合して何かをしたいというわけではないだろう。反対に、歩調を合わせて進み、そのなかでソフトウェア・プラットフォームを押さえるという方向で行くならば、今やっていることもうなずける。彼らは、自動車メーカーよりも膨大な自動運転の実績を持っているので、それをそのまま自動車メーカーに譲り渡してしまうという戦略をとるのではないかというのが、筆者の考えだ。

ストリートビューの先にあるもの

もともとストリートビューはグーグルマップをつくるためのものだったが、写真を撮影する車自体は、人間が運転している。ただ、技術としてはかなり自動運転とオーバーラップしている部分が多い。マップは膨大な数の写真でできあがっている。それをマッピングしていく作業——この場所で撮った写真、次にこの場所で撮った写真と決めていくこと——は非常に難しい。写真を撮影した位置がどこだったかを正確に特定しなければならないという点では、自分の位置を正確に認識する必要がある自動運転と同じであり、おそらくその技術はいま自動運転に取り組んでいる企業も参考にしているだろう。

すでに述べたように、ストリートビューの撮影自体は、グーグルマップをつくるための手段だったわけだが、今後どういったサービスに展開していくかは、筆者にも見えてこない。世界中の地図を見ることができるというのが最初で、それに衛星写真をかぶせて、風景がイメージしやすくなった。いままでは、地図、衛星写真、ストリートビューを合わせてグーグルマップと呼んでいるが、ストリートビューは最後に登場した。

世界中の地図を見ることができるのは面白いとやってみたら、アクセスがたくさんあり、これは広告収入源になり得る、ということになった。そして、そういう人たちの興味は何なのかを考えたところ、地図の上で小旅行を楽しめることだろうとなった。では小旅行を楽しむにはどういう機構が必要かを考えたところ、衛星写真が出てきたのだろう。衛星写真は人海戦術でストリートビューを撮影するよりも手っ取り早く、費用をかけずにできるから、世界中の衛星写真を載せた。すると、たとえば自分の家を上から見て楽しむとか、観光地の様子を眺めるとか、いろいろな人がアクセスするようになった。その後に出てきたのがストリートビューである。今のストリートビューは瞬間移動しているようなかたちだが、いずれはバーチャルリアリティの世界のようになっていくかもしれない。そのあたりがゴールのようだが、その流れとして、広告収入になるかという視点で見たほうが踊らされないですむだろう。現在、自動運転に取り組んでいるのもおそらく同じような考え方で説明がつくと考えられる。

アップルのアプローチ

次はアップルだ。グーグルに比べると、アップルについての情報はなかなか入ってこない。これはスマートフォンの戦略と同様な状況が自動運転にもあるのだろう。

つまり、グーグルはオープン化が方針なので自分たちがやっていることをどんどん広げていき、情報も出していく。一方、アップルは自社のブランドイメージを大事にし、その情報はなるべく出さず商品の価値を高めるという戦略をとっているため、彼らが自動運転の分野でやっていることについての情報も筆者たちの耳にはほとんど入ってこない。

そのため、想像の域を出ないが、ｉＰｈｏｎｅと同じアプローチをとろうとしているのだろうという印象がある。彼らの現在の収入源は、グーグルとは違ってデバイス（商品）にある。仮にｉＰｈｏｎｅのようなものを生み出していくと考えるならば、彼らは、自動車メーカーを頼らずに自前の自動車メーカーをつくっていこうという動きをしているのかもしれない。逆に、そういう動きをしているからこそ、情報が出てこないのだろう。

さらに深く考えると、自動車メーカーではなく、部品メーカーとの協力体制を築いている可能性があるかもしれない。あるいは、どこかのタイミングで、ちょっと経営が傾きかけている自動車メーカーを丸ごと買収するという可能性も十分に考えられる。

可能性は二つ考えられ、今の内燃機関の自動車メーカーを買って、「アップル」という自動車をつくるかもしれないし、電気自動車（ＥＶ）の方向にいくということも十分あり得る。おそらく、自動運転プラス電気自動車というのがアップルの車のかたちなのではないだろうか。電気自動車は、前にも述べたように、今までの自動車メーカーが築いている産業障壁が圧倒的に少なく、電気自動車が走りやすい社会も徐々につくり上げられてきている。だから、あえて従来の自動車メーカーを買ってそこに参入していくよりも、電気自動車で始めたほうがやりやすい、と考えて動いている可能性は十分にある。

細かな部品は既存の自動車から流用できるものも多いだろうから、自動車メーカーに頼むよりも、部品メーカーにアプローチしてそこから何かを得るというのは、自然な流れだろう。

仮にアップルの自動運転車をつくるとなると、彼らのスタイルは「クールでスマート」であることがポイントだろうから、既存の自動車メーカーがつくる自動運転車のイメージを覆すような自動運転車を提供してくる可能性がある。さらに、そのアプリケーションもブランドイメージを意識した、統制がとれたものになるだろう。

しかし、実際にクールでスマートな自動運転車をつくろうとしても、今の時点では難しいのではないだろうか。なぜなら、現在の法律は、基本的に既存の車両に合わせてつくられており、突飛なものをつくることはなかなか難しいからだ。スマートフォンをつくるのとはちょっと違う状況なので、彼らが本気で自動車を発表するのはもう少し先だろうと感じている。グーグルなどが自動運転車で自動車メーカーと協力して、いよいよ販売するとなった頃に、アップルはこんなにかっこいいものを出しますよと発表することを目標としているのではないか。

携帯での経験を活かす

では、アップルはなぜ自動運転の分野に参入しようとしているか。スマートフォンと同じ勝利のプロセスが見えるからであろう。アップルが携帯電話の分野で勝ってきたプロセスは、ガラパゴスという既存の携帯からスマートフォンの時代へ、技術的には決して新しいわけではなかったが、既存の技術を組み合せてより新しいものを生み出したところにある。

自動運転には、それと同じ環境が整っている。自動車メーカーは、既存の車をつくることをなかなかやめられない状況にあり、自動運転の技術も見えている。仮に自動運転が実現可能になったならば、そのマーケットを一気に奪うことができる可能性をもっていることはすでに述べた。そして、それはかなり大きなマーケットであり、彼らがそれを狙っている可能性はある。

コンピューターの分野でも、ＩＢＭやマイクロソフトより後発だったかもしれないが、

「マッキントッシュ」というデザイン性を重視した、いわば家電のようなパソコンを市場に提供し、話題になった。Windows95や98の時代だと、マッキントッシュを使っている人は、表現は適切ではないかもしれないが、個性派というか、少しひねくれているというイメージがあった。しかし、そうしたコアになるユーザーをつかまえるところから状況を180度変化させたのは、スティーブ・ジョブズである。ビジュアルやブランドを前面に押し出した戦略が見事にヒットしたのである。

われわれ研究開発に携わる人間がいまだにWindowsあるいはLinux《リナックス》を使うのは、機能性や自由度を重視するからだが、筆者の知り合いのデザイナーやクリエイターと呼ばれる人たちは、おしゃれな雰囲気で、それほど自由度はなくても自分の表現ができるMac《マック》を選んでいる。コンピューター自身に自由度がなくても、そこで自身を表現する行為が彼らにとっては重要であるから、パソコンはよりおしゃれで、クールで、スマートであるべきだということのようだ。そういう需要にうまくマッチして見事にヒットさせた。

携帯電話に関しても、いきなりそれを改造して研究開発に利用するような、平均的な利用形態の枠の中からはみ出るようなユーザーはほとんどいない。そういう意味で、今までのパソコンよりもクールでスマートなものが好まれる土壌があった。だからこそアンドロイドよりもiPhoneを購入し、パソコンはWindowsだが、ケータイはアップルという人は多く、客層をさらに広げていった。

では、自動車はどうか。圧倒的に、自分の感性に合ったものを選ぶという人が多いだろう。そう考えると、彼らの必勝パターンに持っていける可能性は大きい。実際には、自動車は携帯電話よりも歴史のある分野で、かつ危険性も高い機械のため制約も多いので、ｉＰｈｏｎｅのように簡単にはいかないかもしれないが、今から準備している可能性は十分にありうる。

日本国内のベンチャー企業の動向

海外ではたくさんのベンチャー企業が自動運転に取り組んでおり、その名前を全部あげるわけにはいかないので、日本国内の代表的な動きについて説明しよう。

最近注目されているのがＤｅＮＡ（ディー・エヌ・エー）の取り組みである。ＩＴ企業であるＤｅＮＡとフランスのベンチャーｅａｓｙｍｉｌｅ社が連携して自動運転電動バスの運行実験を行っている。

ここでＤｅＮＡにだけ注目するのは、ＩＴ企業という括りで述べているからなのだが、ＤｅＮＡがｅａｓｙｍｉｌｅと組んだのは、技術的な側面はｅａｓｙｍｉｌｅに任せながら、自動運転を導入する上でのインターネットサービスを先取りしたビジネスモデルを検討することが目的だろう。

この動きは非常に興味深いし、日本においてこうした動きが活発にならなくてはならないと筆者は考える。自動運転の技術自体の勝敗はどうなっていくかよくわからない。グーグルのような大きな企業が精鋭部隊を投入して開発しているので、いまベンチャー企業を立ち上げて自動運転の技術をすべて自分のものにできるかというと、なかなか難しいかもしれない。だからといって、自動運転に関わるあらゆる市場をあきらめるのは間違っている。ＤｅＮＡのように、自動運転という技術の上で、自らが持つ資産の活用方法を今の段階から検討し、ビジネスモデルに展開するという考え方は、非常に重要である。

すでに述べたように、海外では自動運転を扱うベンチャー企業が数多く起業しているが、日本ではその動きが乏しい。その意味でＤｅＮＡのような活躍は望まれるし、もっと広くやるべきであろう。

自動運転のベンチャーを立ち上げるということは、自動運転の技術を開発するという意味だけではなく、自動運転が実現した先にあるさまざまな可能性を先取りして検討する必要があるということだ。自動運転はこれまでの自動車の概念そのものを大きく転換するので、今の自動車のサービス以上の、いろいろな可能性が生まれてくることが考えられる。

図 2　ロボットシャトル（DeNA 提供）

自動運転という革新の先にあるビジネス戦略を立てることを目指したベンチャーも立ち上がってしかるべきだし、既存の企業も、なにも自動運転の技術そのものに手を出す必要はなく、その流れに乗る技術を今のうちから高めておくことが重要になってくる。必ずしも自社で自動運転の技術までもつ必要はない。

自動運転の技術は大学などの研究機関で研究されている。6章で後述するが、群馬大学ではこうした自動運転周辺分野の企業に大学の自動運転技術を利用してもらう取り組みを積極的に進めている。グーグルはたしかに実績という点で一歩抜きん出ているが、ほかにも自動運転の技術を持っている研究機関はたくさんある。だから、自動運転の技術は、そういった研究機関にある程度まかせておいて、共同開発で自社の得意な技術を高めることが重要であろう。それをやっているのが、まさにＤｅＮＡなのだ。

このようにDeNAのやっていることは日本全体で見習うべきであって、それが次世代の自動車産業においても日本が持続的に発展することを可能にするものである。グーグルと同じような技術をもつ研究機関に依頼して、今からいろいろな可能性を蓄積していかないといけない。交通という経済の根幹を支える分野において、自動運転の技術そのものよりも、その他周辺のあらゆる分野が海外に後れをとってはならない、と筆者は言いたい。

自動運転バスは、一つの切り口である。ほかにもいろいろあるだろうが、そういった切り口にしっかり注目しておくことは、自動車メーカーとIT企業だけでなく、ほかの分野の企業でも行う必要がある。

自動運転バスを導入することで、その売り上げで利益を得るだけでなく、自動運転を実現するために、インターネット上のいろいろなコンテンツが必要になってくる。そこに新たな価値が出てくるので、そこに着目しているのかもしれない。タクシーにお客さんが乗ったときにどんなサービスを提供すればいいかということが、これまでDeNAが取り組んできたことで、それがDeNAの強みだろう。すでにDeNAはゲームの分野では成功しているので、さらに自動運転バス事業に参入することは、どういったサービスが受け入れられるかを検討するための実験プロジェクトといった意味合いを持っているのではないだろうか。

ソフトバンクのビジネスモデル

最近の動きとしてもう一つ、ソフトバンクが自動運転の分野に参入してきそうだという情報がある。これも注目すべきだろう。ソフトバンクは、通信業界の企業であるから、IT企業とはいえないが、日本の通信分野で確固たる地位を確立していながら、Ｐｅｐｐｅｒ《ペッパー》といったロボット関係にも力を入れている。自動運転もこれからのテーマの一つであろう。

Ｐｅｐｐｅｒのビジネスモデルは、ＰｅｐｐｅｒにかかわるｌｏｔとしてのアプリケーションをＰｅｐｐｅｒを通して表現しようというものである。そのための道具としてＰｅｐｐｅｒを売るという、ハードウェアも含めたプラットフォームを提供するのがソフトバンクの戦略だ。いろいろな人が簡単にプログラミングでき、いろいろなアプリケーションが書けるようなロボットは、今までなかった。

アプリケーションを自由に開発してもらえるインターフェースを提供し、その装置を買ってもらう戦略でいくならば、おそらくソフトバンクが自動運転の技術を持つことで、その自動車にかかわるソフトウェアのプラットフォームを持つことになり、さらに、その上のアプリケーションを統制することができるようになる。そして、そのアプリケーションをつくりやすいようなインターフェースを提供して、自動運転のベースを買ってもらう、そういうサービスに移行しようとしているのではないだろうか。

ソフトバンクの強みは通信を持っていることである。これは非常に大きな意味がある。今のところ、自動運転では通信そのものはそれほど重要視されていないが、それは現在の技術が人間の機能を自動化していこうということを目的としているからである。人間どうしが通信をしているわけではないように、基本となる自動運転技術は通信を必要としないが、これからは人間の能力を超える自動運転が生まれてくるはずだ。その実現には通信が必須である。

遠くの車と情報交換をすることで、人間には見えない情報を得ることができる。それによって、運転の質をぐんと向上させることができる。そのために通信は欠かせないから、ソフトバンクのような通信に強い企業が参入するのも必然である。

だからといって、ソフトバンクが自動運転のベースを提供する、という考えは少し外れている気もする。必ずしも通信の技術イコール自動運転ではないからだ。また、Ｐｅｐｐｅｒのビジネスモデルがうまくいっているかというと、Ｐｅｐｐｅｒ本体についてはいろいろな所で目にするものの、その後の展開という点で、いまひとつ突破力がないようにも思える。もしかすると、必要な技術すべてをもつのではなく、通信の部分を先取りするという考え方かもしれない。

今後の自動車にとって、通信とは何なのかを先取りして考えることは重要である。そのための技術を蓄積するために参入を計画している可能性は高い。

自動車における通信に関する動きはもちろん国主導でも行われている。通信企業も加わって、標準化などについて話し合いを行っているようだ。

図3　Pepper

ＩＴ企業全体の動き

ここからはＩＴ企業全体の課題をまとめてみよう。ＩＴ企業が自動運転の分野に参入してくるのは必然といえるほど、相性がいいことは確かだ。ただし、その一方で、ＩＴとは違う、自動車分野独特の壁というか考え方をいかに超えるか、あるいはそれにどう融合するかが問われている。

それは、安全に対する考え方と、ビジネス化までのコストの高さである。端的にいうと、自動車はひとつ間違えれば簡単に人を殺傷してしまうほどの出力を持ちながら、人の生活圏と密接している特殊な機械である。これほど危険な機械はほかにはないだろう。

一方、IT企業が今まで取り組んできた多くのソフトウェアやインターネットのコンテンツにおいてのバグやミスは、直接人を殺傷する危険性はない。このように開発に対する考え方は大きく異なり、それが自動運転になったからといって即座に覆ることは決してないだろう。

既存の自動車メーカーは、ソフトウェア軽視という歴史的背景はあったにせよ、自動車の安全についてのスペシャリストである。自動車メーカーは、そういった独特の考え方の中で勝ち抜いてきた精鋭の集まりである。彼らの考え方を取り込まなくては、IT業界の開発車両は売り物にはならないだろう。もし、安全について十分に配慮せずに自動運転車を売り出したら大変なことになる可能性を秘めている。

IT業界が自動車業界に突然参入してきて、「はい、つくります」といってできるようなものではない。自動運転は今の自動車に組み込まれているソフトウェアよりもはるかに複雑なものになるが、それを安全なものにしなくてはいけない。さらに、そのソフトウェアの安全性の証明をしなくてはならない。当然、それは大きな課題になって、乗り越えなければならない一番大きな壁になる。

今後の自動運転開発競争は、これまでは普通の自動車で比較的単純であるけれども、安全という部分を確実にクリアしてきた自動車メーカーと、複雑なソフトウェアはつくれるが、自動車における安全文化に対しては未成熟なIT企業という構図になるだろう。自動運転車は複雑で、なおかつ安全を考慮したものにしなければいけないので、どちらが先に壁を越えるかが、この分野の闘いということになる。

ちなみに、IT企業が自動運転を導入するにあたっては、第3章で説明した自動車メーカーのような既存の自動車ビジネスからのしがらみは少ないことが予想され、比較的自由にビジネスモデルを設計できる。最終的な商品が自動車である必要もなく、自動車と自動運転システム、さらにその上流のインターネットコンテンツなども含めて柔軟に設計できる点で、今後スマートにビジネスモデルを構築できた企業こそが勝者になれるのではないかと考える。

まとめると、IT企業が自動運転に参入してくるのは必然だ。しかし、IT企業が勝者になると決まっているわけではなく、グーグルが自動運転を支配すると決まっているわけでもない。

もう一つ重要なのは、ＩＴ業界を含めてあらゆる分野の企業が自動運転技術をベースとした、それぞれの企業が得意とする分野での新しい技術を、今から検討しておく必要がある。大学などの研究機関との協力によって早めに研究しておくことが、今後の競争に勝つための鍵となる。

第5章 自動運転の現状と課題

車両制御とは何か

第2章で、自動運転システムは車両制御システムの一部であると述べたが、自動運転技術をさらに見ていこう。

そもそも車両制御システムとは何か。おおまかにいってしまえば何らかの認知・判断・操作を行って車両を動かすシステムである。認知の部分はセンサー、判断の部分は情報処理回路、操作部分はアクチュエータがあり、それぞれを組み合わせて何らか所望の運動を得るように設計する。その点では、自動運転もほかの車両制御システムも大きく違わない。どの制御システムでも、センサーがあって、何らかのコンピューターが組み込まれて、その情報の制御量を算出した後に必要なアクチュエータで動かすという基本的な仕組みは同じだ（図1参照）。

センサーは内界センサーと外界センサーの2つに分けられる。内界センサーは、車両の中で何が起きているのかを読み取る装置、専門的にいうと、自車の状態量を観測するための装置であって、たとえば速度センサー、加速度センサー、ジャイロセンサーがある。これらのセンサーは、最近の乗用車では標準装備されていることが多い。

外界センサーは、自動運転でもキーポイントになるもので、自車の周辺で何が起きているかを読み取る装置であって、たとえばＲＡＤＡＲ、ＬＩＤＡＲ、カメラ、ＧＮＳＳなどがある。ＲＡＤＡＲ（レーダー）は、ミリ波長の電波を飛ばしてそれが戻ってくる時間を測って反射物体との距離を得る（55ページの図7参照）。それからＬＩＤＡＲ（ライダー）は、レーザーを使った測距装置で、レーザーが戻ってくるまでの時間を測る（53ページの図6参照）。さらに、カメラは、単眼で見て認識したり、複眼にして周囲のものとの距離を測ったりする装置である。そして、ＧＮＳＳは世界各国が打ち上げた測位衛星を使って、自車の座標を得るもので、米国の測位衛星を使うＧＰＳが有名である。

車両制御システムを構築する際、これらをいかに組み合わせるかが重要である。単純にセンサーを選ぶだけではなく、特に外界センサーはセンサーの取り付け位置の決定手法も

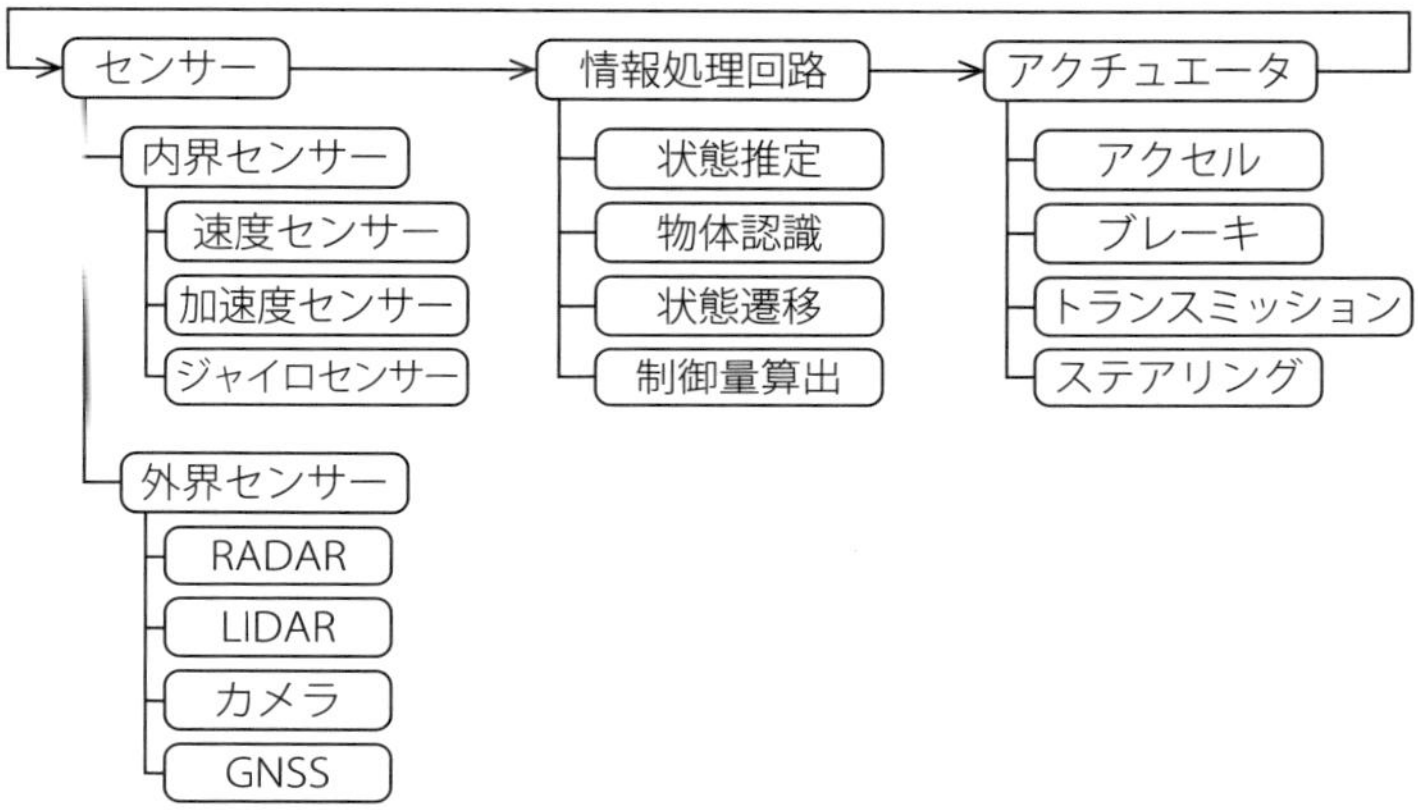

図1　車両制御システムの基本的構成。センサー、情報処理回路、アクチュエータの組み合わせで車両の運動を制御して所望の効果を得るシステム

技術の一つである。そういったところをうまく設計し、適切な情報処理回路を構成し、情報の制御量を算出して、必要なアクチュエータを動かす。それがアクセルとブレーキだったり、ステアリングだったり、自動運転ならそれらのすべてだったりするのである。それらにより必要な効果をどうやって得るかという問題を解いているのが車両制御システムであり、自動運転もその例に漏れない。

制御の仕組み

制御の仕組みをブロック線図に表した（図2参照）。目標速度と車速の引き算をすると、目標速度との差が出てくる。その差に対して調整するパラメータがあって、その二つの速度を組み合わせてスロットルアクチュエータを動かすための制御量を決める。それがエンジンに伝わり、トランスミッションに伝わり、動力として出力される。それを連続して繰り返すことで制御することをフィードバック制御という。この、目標速度と車速の差で制御する車両制御システムが「クルーズ・コントロール（ＣＣ）」である。

これは１９５８年に米国のクライスラー社がインペリアルという車に初めて採用し、日本では少し遅れて１９６４年、トヨタのクラウンに初めて採用された。

それに少し機能が加わったのがＡＣＣ（Adaptive Cruise Control）と呼ばれるもので、これは前方の車両に追従する制御である。ＡＣＣがオンになったら、ＣＣの状態か、ギャップ・フォローイング・コントロールと呼ばれるものか、のどちらかの状態に移る（37ページの図1参照）。ＣＣは、先ほどの目標速度と車速との比較でコントロールされた速度で走行する。前方に車両がいない場合はＣＣで走りなさい、そうでないときはギャップ・フォローイング・コントロール、つまり車間距離制御を行いなさいというのが、ＡＣＣの全体的な仕組みになっている。

図3の上の部分はＣＣとなんら変わらない。アミかけの部分が新しく加わったギャップ・フォローイング・コントロールの部分である。車間距離の観測を行う外界センサーはＲＡＤＡＲやＬＩＤＡＲなどを用いる。外界センサーから入ってきた車間距離は、目標車間時間で制御をしている。車間距離制御と車間時間制御との違いは、車間距離というのは

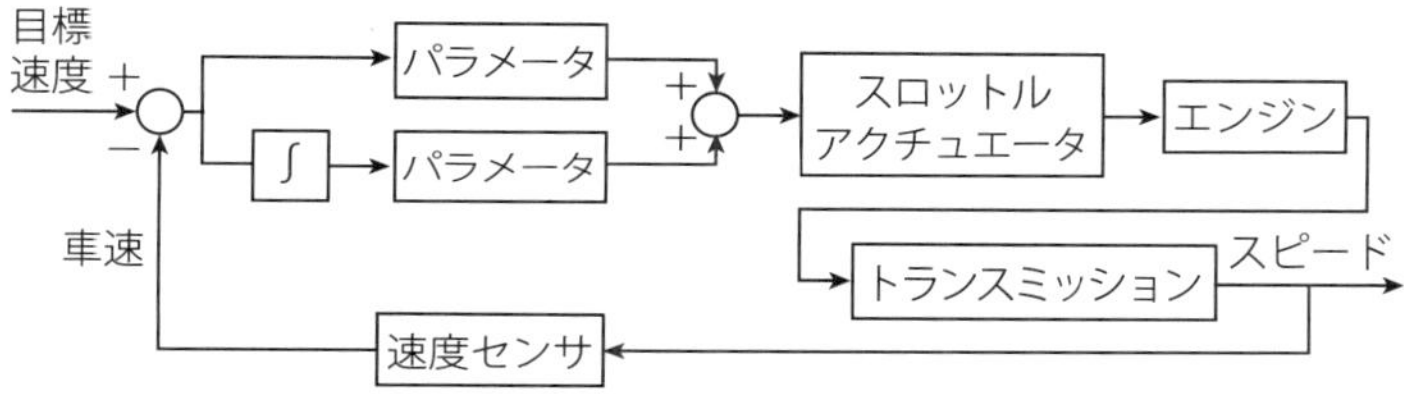

図2　クルーズ・コントロール（CC）の基本的構成。目標の速度を維持するように車両を制御するシステム。速度センサーとドライバーから与えられる目標速度を比較し、スロットルアクチュエータの制御を行う

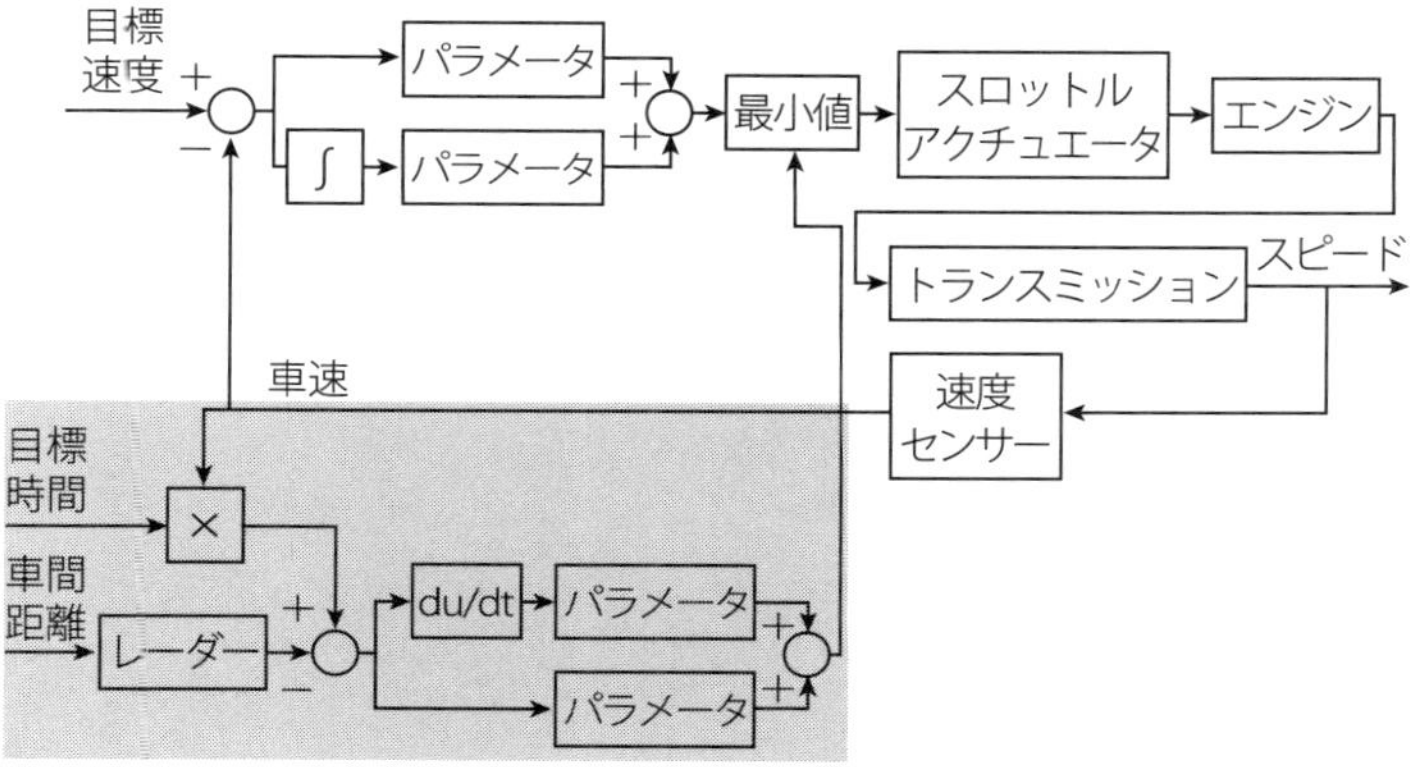

図3　アダプティブ・クルーズ・コントロール（ACC）の基本的構成。前方の車両に追従する制御を行うシステム。クルーズ・コントロールの機能に加え、前方に車両がいた場合にドライバーが設定した車間時間を維持するためにスロットル・アクチュエータの制御を行う。最近では減速時にブレーキ制御を行う場合もある

距離、車間時間は車間を時間に換算して見ていく。2秒空いているということは、2秒後に次の車が同じ地点に到着するということである。だから、速度が速くなるほど車間距離は広くなり、遅くなれば狭くなるという特性を持つ。なお、厳密には車間の相対速度なども使って制御するが、ここでは触れない。

ACCは日本が最初に採用したといわれており、1995年に三菱自動車がディアマンテに採用したのが始まりということになっている。最近の車では、ブレーキの制御を併せて行う場合もある。

車間距離は、あまり近過ぎてもいけないので、一般的に1・5〜2・5秒で設定できるようになっている。車間時間制御では速度が0になると、車間距離が0になってしまうが、そうならないように、車間時間プラス○○メートルのようにして制御しているのが一般的だ。たとえば車間時間プラス1メートルというと、速度が0になっても1メートルの車間距離は保たれることになる。

操舵の制御

次に操舵の制御について触れる。操舵の制御は一般的にはカメラを使い、カメラで白線を検知し、白線をもとに中心を決めて、その中心からどれだけずれているかを検知するところから始まる。左右の白線が2本あるうちの中心を基本的に走らなければならないのだが、それと自車の位置がどれくらいずれているか、このあとの道路の曲率はどうなっているか、自車がどちらを向いているかを検知する。この情報を基に、レーンから逸脱している（あるいはしそうである）ことを警告するシステムをＬＤＷ（Lane Departure Warning）、ハンドルの制御も行うシステムがＬＫＡＳ（Lane Keeping Assist System）と呼ばれる。ＬＫＡＳは、レーンと自車の状態を比較することでハンドルの目標操舵角を計算し、さらに目標のハンドルトルクに変換する。

なお、ＬＫＡＳは安全のために、ドライバーがハンドル操作をした際に、ハンドルに対する操舵トルクを基にハンドル操作を検知し、ドライバーのハンドル操作を優先させる機能が備わっている。その判断が行われた後にステアリング（ハンドル）にＬＫＡＳが算出した目標トルクが与えられ、ハンドルを切ることができるという仕組みになっている。

横方向の制御のほうが複雑だというのを第2章で述べたが、ＬＫＡＳは白線が検知できない場合は利用できない。かといって、必ずすべての道路に白線があるとは限らない。狭い道路では白線がない場合も多い。高速道路であれば、しっかりと白線が描かれているのであまり問題とならないため、いまのＬＫＡＳは高速道路での利用を前提としている。しかし、これだけの情報では市街地は走れないので、別の解決法が必要になる。

自動運転システムの実現

ひとつ注意したいのは、車両制御システムの一種として自動運転システムがあり、ACCやLKASは自動運転システムの要素技術の一つである点だ。ハンドルを動かさない自動運転がACCであって、アクセルとブレーキを動かさない限定的な自動運転がLKASであるなら、ACCとLKASを組み合わせれば、限定的な場所で自動運転が行われているのと等価といえる。自動運転システムは本当に実現できるのだろうかという疑問の声も多いが、見方を変えればすでに自動運転システムが市販される時代に入っているという考え方もできる。

もう一つ重要なのは、最近まで自動運転について知らなかった人の中には、あたかもグーグルがいきなり自動運転システムを発明したように捉える人もいるようだが、そうではない。すでに第2章で述べたように、その技術は連続的に発展してきたのである。まず、システムが比較的複雑ではない縦方向の車両制御から実用化が始まり、次に複雑な横方向の車両制御が実用化して、これを組み合わせることによって、場所を限定した自動運転がすでに実現しているのである。では、現在の課題はというと、場所が限定されない自動運転をいかにしてつくっていくかが、ホットなトピックになっている。

場所が限定されない自動運転をつくる場合、認識の部分が一番のネックとなる。歴史的にはかなり古くからや研究開発がなされているものの、なかなか人間の認識能力には到達していない。たとえば、信号の認識一つをとっても、五叉路交差点で複数信号機が見える中で、自分の守るべき信号はどれか?、夜間や雨などで視界の悪い中で、車のストップランプと信号の赤信号をどのように見分けるか?など、技術的課題は多い。本書では個々の技術的課題を掘り下げることはしないが、認識能力に注目すれば、自動運転システムの能力をある程度見極めることができる。

車車間通信の利用

ここまでは「人間の運転の代わりになるための自動運転」について説明したが、「人間の運転を超える自動運転」の研究開発も忘れてはならない。協調型の自動運転システムは車車間通信を利月して、非常に高い運転性能を得ることを可能にしている。その代表例が第2章でも述べたＣＡＣＣ（協調型車両制御、Cooperative Adaptive Cruise Control）

というACCの進化版である。機能はACCと基本的に変わらず、前方の車両に追従する制御を行う。CACCは、車車間通信を使って前方の車の速度や加速度の情報を得る。すると、後方の車は前方の車のアクセル操作を精密に推定することができる。人間が運転しているとき、前方の車のアクセルはどんなに目を凝らしても見えないが、通信を使えば、コンピュータは簡単に前方の車のアクセル状態が分かる。そうすると、後方の車でも同時にアクセルを踏むことができるので、遅れることなく制御できるというのが大まかな特徴だ。

たとえば車間時間について、ACCでは1・5~2・5秒と述べたが、CACCでは1・0秒くらいまで車間時間を縮めることができる。あるいは制御をより安定化させたり、省エネ効果が得られたり、さまざまな効果が期待できる。

ではCACCが具体的にどのような効果があるかをグラフで見てみよう（図4参照）。これは4台のトラックのシミュレーションを行った結果だ。多くのトラックは、アクセルを踏んでも望みの加速度を得るまでのタイムラグが生じる。それは制御の際にも影響があり、ACCのように車間距離を維持する制御が不十分だと、後方の車になればなるほど振動的な動きになる。

つまり、前方の車が加減速した際に、後方の車は車間距離を制御しようとするが、反応

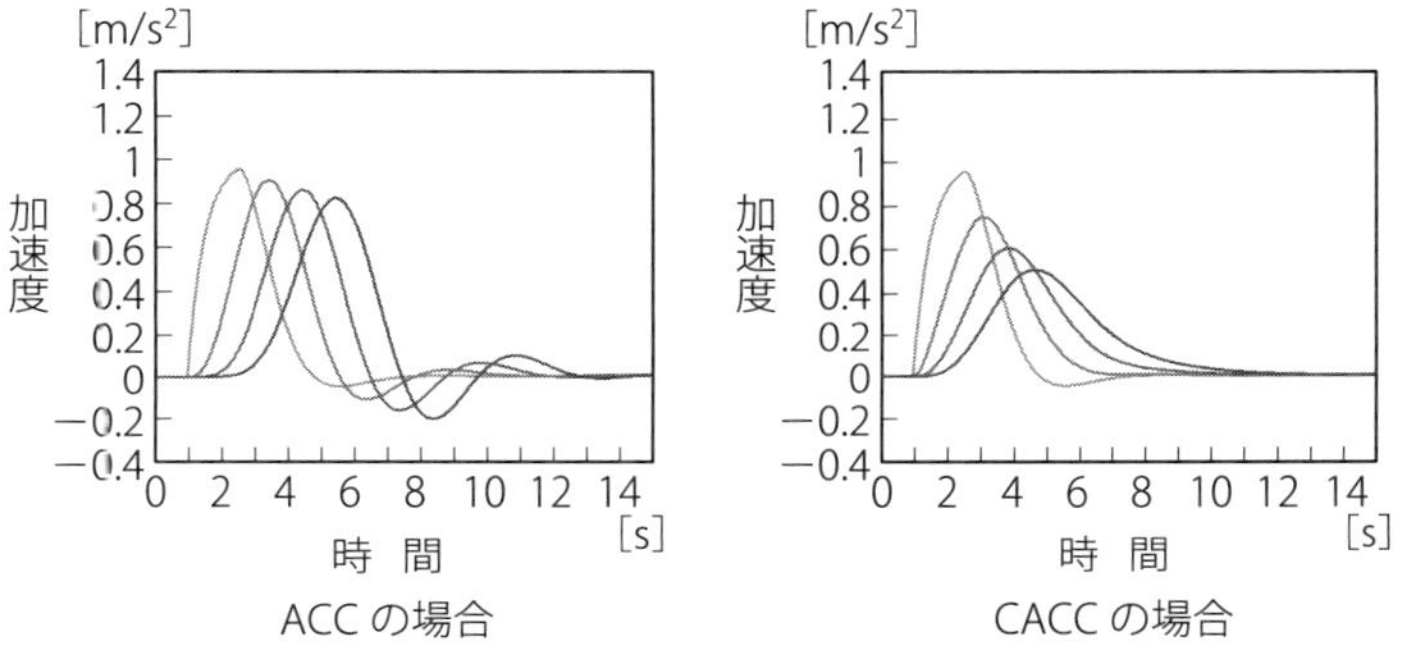

図4　協調型アダプティブ・クルーズ・コントロール（CACC）の例。先頭車のステップ上の速度変化に対する加速度応答。左図が ACC、右図が CACC の場合

が遅いため、より大きな動きになる。これは後方の車になるほど大きな振動として伝わってしまうのである。この動きは、後方の車にとっては乗り心地が悪くなるし、燃費も悪くなるし、危険でもある。仮に、ＡＣＣ制御の車がそのまま何台も続き、単純に車間距離を制御しているだけでも、人間が運転をしなかったら最終的にこの振幅が大きくなっていき、後ろの車はぶつかってしまう。今のＡＣＣにはそういう問題点がある。

しかし、車車間通信を使って協調型ＡＣＣにすると、最後方の車でも滑らかに運転できる。こうなれば燃費もよくなるし、安全で乗り心地もよくなる。

車間距離と燃費

ＣＡＣＣをさらに高度にした制御として、新エネルギー・産業技術総合開発機構（ＮＥＤＯ）が行っていたエネルギー

ＩＴＳプロジェクトは、トラックを時速80キロメートル、車間距離４メートルを保って走行させる隊列走行と呼ばれる技術を開発した。これもＣＡＣＣの一種であるが、車車間通信で前方の車情報を得て、人間の運転より能力の高い運転ができる。

隊列走行の利点は、車間距離をかなり縮めることによってスリップストリームの効果が得られることである。スリップストリームとは、自動車レースなどでよく使われる言葉で、前方の車の真後ろにつけると、空気抵抗が減り、その分加速して追い抜くための戦術として使われる。隊列走行としては、このスリップストリームを省エネルギー化に利用する。この場合、車間距離を縮めれば縮めるほど良く、大型トラックで車間距離４メートル、前後に隊列走行する車両がいる中間車両の場合、空気抵抗はおよそ半分になるといわれている。

実はこうした制御は電気自動車のほうが、相性が良い。電気自動車は内燃機関の自動車に比べアクセルのレスポンスが高く、素早く精密な動きができるからだ。筆者たちの行った研究では、車間距離50プラスマイナス15センチメートル程度で、車間距離を制御して走行することができる。単純に人間と同じような目となるセンサーを搭載しただけではこうした制御は難しいが、車車間通信を使うことによって人間を超える走行が可能であることを示す一例である。

車車間通信を使うメリット

車両制御システムが人間にはできない運転をすると、いざ故障したときに人間では代われないため、ある意味危険な乗り物になりそうだが、必ずしもそうではない。まず、仮に車車間通信がつながっていて前の車のセンサーが壊れるといった状況なら、後方の車のセンサーの情報から前の車が必要な情報を推定することができる。

たとえば、先頭の車のGNSS（GPS）が壊れてしまったという想定だが、後方の車のGNSSとLIDARを使って前方の車の位置を算出することによって、自動運転を継続することができるようになる。これは人間にはできない技である。

また、車車間通信を使うと、見えていない車の位置でも正確に知ることができる。GNSSの測位補正情報を共有するのだが、見通しの悪いところで、見えない車のGNSSの測位補正情報を得ることによってミリ単位で車の相対位置を知ることができる。すると、見通しの悪い交差点などであらかじめ減速することも可能になるし、さまざまな制御に応用でき、人間にはできない運転ができる例になる。

人間が運転をする場合、基本的にはミラーを介してしか曲がり角の先は見えないため、死角もできるし、見落としも起きる。それが自動運転の場合には通信の精度がよく、見落としがない仕組みをうまくつくることができれば、見通しの悪い交差点でも苦にならない。さらに、交差点に入る時刻と通過時刻を管制センターで管理し、ぶつからないように突入時刻・通過時刻を管理することができる。これも人間にできる技ではない。つまり信号が不要になり、交差点で停止する必要もなくなるので、効率的な輸送が可能になる。

道路側にセンサーを置いて走行を制御する

自動運転車は、車にセンサーをたくさん載せているという感覚があるが、道路側にセンサーやコンピューターを設置すれば、わざわざ車にセンサーをたくさん積まなくても自動運転はできる。車は、通信機とアクチュエータだけの装備にし、センサーとコンピューターを道路側に置く。複数の車が来たとしても、道路側のセンサーでそれぞれの車の動きを把握し、制御量までを計算する。車はその制御量を通信で受け取って、指示どおりにアクチュエータを動かす。そうすることで、走行車両はコストをかけずに自動運転の性能を得ることができる。たとえば、駐車場などの限定的な場所で高度な自動運転を行うのに適している。

法制面の整備

　ここまでは、自動運転の技術的な現状と課題を中心に見てきたが、自動運転が抱える一番の難関は、技術的な面よりもむしろ法律上の問題をどのように克服していくかという点である。これは何も自動運転に限った話ではない。これから出てくるあらゆる知能化機械(ロボット)、とくに人間と共生するタイプの知能化機械の行く末が左右される重要な話である。まず自動運転に限って述べよう。

　第2章でも述べたように、レベル3までとレベル4以上の自動運転では考え方が大きく異なる。それは技術的な話だけでなく、法制面でも大きく異なってくる。レベル1からレベル3は、どれだけ高度な制御をしたとしても、最終的には人間が操作することを前提にしたシステムである。一方、レベル4以降は最後までシステムが運転を担当する。基本的には、人間が乗っていなくてもいい設計になっている点が大きな違いである。

　では、これまでの車の法制面はどうなっているのだろうか。車については「道路運送車両法」があって、その保安基準に適合していない、あるいは適合しなくなるおそれがある車であって、かつ、その原因が設計や製作過程にあると認められるとき以外は、基本的に事故はドライバーの責任になる。車をドライバーなどが故意に、あるいは過失で壊してしまった状態ではなく、単純に設計ミスや製造過程のミスがあった場合はメーカーの責任だが、それ以外はドライバーの責任になるというのが大前提となる。加えてもう一つ、道路交通法は弱者救済の原則に沿ってつくられている点で、この2点に絞って話をしていきたい。

ドライバーの責任について

1点目についてはこれ以上のことはなく、現在の車なら、リコール対象の状態になっていない限り、車に関することすべてはドライバーの責任になる。

「道路交通法第38条の2」で、「車両等は、交差点又はその直近で横断歩道の設けられていない場所において歩行者が道路を横断しているときは、その歩行者の通行を妨げてはならない」と決まっている。水たまりやぬかるみがあっても、それを考慮して運転すること、というのは「道路交通法第71条第1号」だ。

「道路交通法第38条第1項」では、車が交差点や自転車横断帯に接近したとき、自転車や歩行者がいない場合はそのまま進めるが、いるかいないかわからなかったら徐行しなさい、いたら一時停止して譲りなさい、と決められている。

交通整理が行われていない横断歩道や自転車横断帯を通過するとき、横断歩道の手前に車などが止まっている場合は、その車の前方に出る前に一時停止しなくてはいけない。つまり、交差点があったときに、そこに駐車車両があってそれを追い抜こうとするときは1回そこで止まってから進まなければいけない。横断歩道や自転車横断帯の30メートル以内では、歩行者を傷つけてはいけないので追い抜きは禁止である。

歩行者が歩道を横断しているとき、車は一時停止しなければいけないし、歩行者がいるときはそちらを最優先にしなければならない。歩行者のそばを通過するときに、車道と歩道の区別がないときは安全な間隔を空けて走行しなければいけないし、それが無理な場合は徐行しなければいけない。これは普通に歩いている人だけでなく、車椅子や小児用の車、歩行補助車、二輪車、自転車を押して歩いている人も含まれており、とにかくあらゆるものが自動車よりも弱者であるという前提になっている。さらに、幼児や高齢者に対しては手厚くなっており、一時停止や徐行をより徹底する必要がある。通園バスの場合も、きちんと安全を確認するように、と書かれている。

まとめると、結局はあらゆる面で自動車は歩行者よりも強い立場にあり、事故を起こしてしまったときには基本的に弱者を救済するように法律はできている。自動運転になっても、その論理が覆ることは決してない。ただし、「徐行とは何か」を考える必要がある。

曖昧な定義が自動運転実現の壁に

これまでは、法律も含めて、「徐行」については、あえて曖昧な表現で書かれていた。「徐行」は、「道路交通法第2条」で「車両等が直ちに停止することができるような速度で進行することをいう」としか書かれていない。実は「一時停止」も一旦速度をゼロにするということはわかるが、何秒間その状態を維持するのかは書かれていない。これは自動運転のプログラムを開発する人にとってはたいへん難しい。これが法整備の面での自動運転実現の壁になっている。

徐行に限って考えていくと、どうなるか。自動運転はプログラムによって規定された究極の「かもしれない運転」である。先の死角から歩行者が飛び出してくるかもしれない、後ろから二輪車がすり抜けてくるかもしれない、とあらゆる危険を予見し、それに十分対応できるように備えながら運転する。そのなかで、交通ルールが「徐行しろ」といったら、徐行とは何かという定義があれば、ちゃんと徐行するようにできる。しかし、法制度では「究極のかもしれない」の究極とは何かというところを曖昧にしている。法制面を自動運転の世界に合わせていくのであれば、このあいまいな定義を排除するべきだ。

　曖昧にしていた理由は考えればよくわかる。たとえば徐行は時速5キロメートル以下と設定したとする。その場合、時速5キロメートルで走っていたら無罪で6キロメートルは有罪なのか。本来は、徐行する行為そのものが重要ではなく、全ドライバー一律に減速する拘束を与えることで、交通全体の事故のリスクを下げることが目的であるため、そういった議論は的外れであった。だから今までの社会では、徐行は状況に応じて変容する言葉としてあえて使っていた。しかし、自動運転ではそれは許されない。曖昧な定義を排除していくことが重要だからである。

　たとえば、徐行を時速5キロメートル以下と決めるのなら、そのとおりに走らせることはできる。時速5キロメートル以下で走っていたという証拠も十分に残すことができる。あらゆるセンサーの記録をとり、その記録を証拠として使えるような枠組みを決めればよい。さらに、カメラやライダー、速度センサー、操舵センサーその他、あらゆる状態量を記録しておいて、「究極の『かもしれない運転』をしていましたよ」という証拠を提示することはできる。ただ、何度もいうように、究極とは何かをしっかりと決めておかなくてはいけない。それは単純に徐行の速度を規定するのでは不足であるかもしれない。大きな課題ではあるが、これが解決できれば、自動運転を現在の世の中に合わせていくことができるだろう。

これまでにはなかった倫理観の問題

もう一つの問題は、何らかの事故を起こしてしまった場合、自動運転の側の視点に立って考えたらどうなるか、ということである。この章の以降の話は事故を取り扱う話であるため、読み進める場合は注意されたい。

極端な例だが、高速道路を法定速度内で走行していたときに、虫、猫、子ども、お年寄りが突然に法を逸脱する形で、かつすべてを同時によけ切れない位置に飛び出してきたとする。非は明らかに飛び出してきた方にあるが、果たしてどれと衝突するのかという問題が生じる。

これは「トロッコ問題」と呼ばれるが、今まで人間が運転していたときにはなかった問題だ。なぜなら、とっさに虫を選んでハンドルを切れるかというと、おそらくそんな余裕はなく、逆に故意に他を選んだとしてもその判断ロジックを外部から見分ける術はない。ただし、自動運転では選ぶ判断ロジックが予めプログラムできる。猫を見て、この猫は希少種である、この猫は雑種であるといったところまで判別することも決して不可能ではない。しかし、不可能でないからこそ難しい面もある。

それが判別できる場合、予めプログラムするべきという意見は必ずあるだろう。では、どれを選べばいいのかという問題に迫られる。この非常に難しい倫理観というか、こうした問題に対しても論理をしっかり組み立てて取り組んでいかなければいけない。

ちなみに、虫か、猫か、子どもか、お年寄りかという四つの選択肢のほかに、自らが爆発してぶつからなくするという五つ目の選択肢もある。

このように、一つは法制面、そして倫理観といった部分、これらに対して、人間が成長して、一歩を進めなければいけない。

こういった問題に対して何も解決策を出さず、自動運転の側を排除するというのも一つの選択肢としてある。人間にこういった冷酷な判断を突きつけるのなら、そういったものは排斥すべしというのも、一つの選択肢である。ただ、日本がそういう決断をしたとしても、たとえばシンガポールや米国で、社会としてこれを乗り越えてしまった場合、技術の進度は大きく変わってくる。また、次に述べるように事故が減れば、いっそう社会は効率的になる。そうすれば経済も潤うだろう。すると、日本は世界に取り残される可能性がある。

このように、もはやこの問題を避けていてはいけない時代になっている。これに目を背けては、後世の人たちの幸せにはつながらないと筆者は考える。

自動運転で交通事故を減らせるか

法制面や人間の倫理観といった非常に大きな問題を解決するには、技術的にもそれに対してきちんとした答えを出さなければならない。それは筆者も含めた研究開発サイドの使命でもある。つまり、わざわざ自動運転を導入するからには、人間に比べて自動運転が事故を起こさないことをきちんと証明することが重要なのである。

筆者は自動運転が交通社会にとって不可欠なものになり得ると考えている。自動運転を導入することによって交通社会の安全性が向上し交通事故が飛躍的に減らせるのなら、その社会的効用と引き換えに私たちはある程度のリスクも受け入れなければならないと考えている。たとえば、医師が行う手術や投薬などの医療行為を念頭におくとわかりやすい。医療行為は患者の生命を守るために不可欠なものであるから、医師に過失がなければ不幸にして患者が死亡しても社会はそれを許容する基盤が整っている。これと同じ考え方を自動運転などの知能機械に適用してはどうだろうか。

自動運転だけではない。これからはあらゆるところで人間をより安全にしながら、なおかつ、生活を飛躍的に豊かにする知能機械が増えてくる。現在の自動運転車はその試金石的な位置づけにあるのだ。これに目を背けず、人間は一歩先に進んでいかなければいけないし、日本はなるべく早くこれに手を付けて他国に先んじないと、世界から置いていかれてしまう。

では、具体的にどうすればいいか。人間が事故を起こす確率は、1台の車が1億キロメートル走ると、76・9件の死亡事故を起こすといわれている。この数字は、日本の事故数と、車の総走行距離（平均走行距離と車両の台数）を使って計算したものだが、自動運転によってこの数字を減らせることを証明しなくてはいけない。グーグルはこれに挑戦しているわけで、多数の車をつくって米国中を走らせているのは、そのためでもある。力技ではあるが、データでしか証明できないのだから、その数字を減らしたとき、人間は次のステップに進むことができるのだ。

ただし、完全自動運転を導入したとしても交通に人が介在する限り、事故はゼロにならないことに注意する必要がある。自動運転は究極の「かもしれない運転」であり、あらゆる場合を想定して最適な選択をしているという意味では、法律をすべて順守して走行している。仮に自動運転システムが完成しているにもかかわらず事故を起きるのは、原則として相手の車両のドライバーなど相手の人間側に過失がある。これは、完全自動運転が人間の過失を誘引している可能性があり、技術的に解決する必要はあるが、完全自動運転の事故率の算出にこうした事故を除いて考える必要があるだろう。

法律の曖昧な部分を排除する

そうしたことを通じて、法律の曖昧な部分を排除していかなければならない。あいまいな部分が排除されれば、自動運転の法律対応は完全なかたちになるので、過失ゼロの状態に持っていくことができる。その結果、事故を起こすのは原則として相手側が悪いということになり、補償は必要なくなる。一方で、それでは社会が許容しないというのなら、保険というかたちで社会がそれに対してお金を支払うことにする。筆者は、車の所有者が保険に入るのではなく、国として補償する仕組みをつくればいいと考えている。

仮に人が飛び出してきてしまって、不幸にも回避しきれずひいてしまったとする。自動運転車は、相手がどのように飛び出したかが分かり、車はあらゆる法律を順守していることは証明できるとする。でも、ひいてしまった。その車に乗っている人の責任ではない。車をつくった人でもない。やはり国がそれに対して優しく対処する、そういう仕組みをつくることはできないだろうか。

そういう究極の問題を突き付けてくるのが完全自動運転である。しかし完全自動運転ができなかったら、日本は立ち遅れてしまう。このように完全自動運転は技術だけではない幅広い課題を抱えている。次世代の人たちに対しては、自動運転とはどういうものかをしっかりと幅広く教育し、考える場を与えることが必要となる。それも含めての自動運転だと筆者は考えている。

自動運転は完全自動運転だからこそ価値が引き出せる。鉄腕アトムだって、人間が首輪をつけて引っ張っていたら、その価値は損なわれてしまう。自由に動けるからこそ、鉄腕アトムは活躍できるのだ。

第6章 自動運転研究の最前線

注目される中国、シンガポール

海外の自動運転システムに関する動向について、米国や欧州以外の国にも着目してみたい。

完全自動運転がスムーズに世の中に受け入れられるようになった場合の世界の変容や移り変わりについてはすでに予測した。これまで自動車産業を牽引してきた日本をはじめ米国、欧州が、自動運転でもさらにリーダーとして活躍していくかというと、必ずしも、そうではないかもしれない。

自動運転は、既存の自動車交通が築いたいろいろな壁、技術的な部分だけでなく法的な部分、さらには、人間の倫理観というような部分の壁をも乗り越えていかなければならないところがネックになってくる。そうなると、必ずしも欧米あるいは日本ではなく、ほかに、これまでの常識にとらわれることなく壁を突破できる国がありそうだ。

第5章で述べたような交通社会の〝医療行為〟だという倫理観に人間がついていくには時間がかかる可能性がある。自動車に限らず、人間との共生型ロボット、簡単に言えば鉄腕アトムのような、人間と生活していけるロボットが実用化するにもネックになるだろうが、一方、そのような部分について強権的に変更を加えられる、そういった統制機能を持った国がいくつか存在する。そういった国は、法的な部分や倫理的な部分を一気に変更することが国の意思決定によって行えることから、そうした国の住民たちは戸惑いを感じるかもしれないが、円滑にというか強引に、次のステップに進む可能性が高い。その国の一つが中国だと考えている。

中国は日本とは違う国の体制をとっていて、指導者の意思決定は日本以上に効力を持つため、前に述べた問題を簡単に乗り越えられる可能性がある。実際、中国の自動車メーカーでは技術を持った人材をどんどん雇い入れ、日本やアメリカに勝るとも劣らない自動運転技術を着実に蓄積している。長安汽車という自動車メーカーでは、すでに延べ2000キロメートルの自動運転走行を実現している。さらに、プロのテストドライバーが乗っている状態だが、時速80キロメートルでの自動運転走行を行い、標識や交通制限にも対応しているという。まさに日本の自動車メーカーがやっていることとほぼ同様の自動運転能力を見せており、テスラモーターズにほぼ匹敵する実力を持っているといわれている。

ここで強調したいのは、そういった技術がしっかり蓄積されていれば、法的な面はがらりと変えてしまうことができるため、非常に強気な計画を立てられるところである。実際に実現されるかどうかはまだ不透明だが、幹線道路での自動運転車の走行を今後3年から5年の間に実現するという計画がある。日本は3年から5年で高速道路での自動運転を実現させようとしていることからすると、すごい勢いでやろうとしていることになる。また、2025年までに都市部での走行を可能にするという計画も掲げており、驚異的な速さで計画を進めようとしている点に着目する必要があるだろう。

もう一つ注目すべき国はシンガポールだ。小さな島国ではあるが、経済的に非常に豊かで、さらに政府が強権的であるという特徴がある。住民が厳しいルールで統制されている国である。さらに、国家全体がシンガポールを新しい技術の試験場として使ってほしいと公言しており、さまざまな新しい技術を受け入れて実証実験をやっていこうという動きがある。自動運転のように既存の法律に縛られやすい特徴を持つ技術は、シンガポールで実証実験をするという動きが少なからずあり、自動運転がそこから花開いていく可能性がある。

自動運転については、すでに実用化の動きがある。無人運転のシャトルバスを皮切りに、最終的にはスマートフォンで呼べるロボットタクシーのようなものを展開することが計画されている。

こういった国々が日本と同様の技術を持っていたら、すぐに政策を転換して技術を伸ばすことができるので、日本あるいは欧米を追い抜いてしまう可能性は非常に高い。そうしたところに着目して、技術の動向を見ていく必要があるだろう。

中国には、フォルクスワーゲンなどが進出しているが、自動運転については自国のメーカーだけでやろうとしており、人材を引き抜いて本社や研究所で雇い、欧米や日本の技術を吸収している。グーグルに代わる中国の検索エンジン、「Ｂａｉｄｕ（百度）」は、外国の企業を排斥して自国で技術を蓄積し、将来、海外へ展開するための力をいま蓄えているように見える。中国で起こっていることは、情報が少ないので完全には把握はできないが、技術は日本、あるいは欧米に近いものを持っていると考えたほうがよいだろう。

大学による実証実験

次に、国内の大学で自動運転の研究がどの程度まで進んでいるかを紹介したい。時流に乗って、数えきれない大学が参入しているが、そういったブームが起きる前から、伝統的に自動運転の研究をしていた大学というと、いくつかに限られる。すべての大学の研究までは説明しきれないので、ここでは金沢大学、慶應義塾大学、東京大学、同志社大学、名古屋大学の5つの大学と筆者が現在所属する群馬大学で行われている代表的な研究を取り上げよう。

金沢大学の計測制御研究室は、日本の中でも特に盛んに自動運転の公道実証実験に力を入れている。[19] 公道実証実験が始まる前も、自動車学校を利用した実車での研究開発を盛んに行っており、2015年2月には石川県珠洲市と連携して日本初の市街地公道実験を開始した。現在では、同市内で、日本最長の60キロメートルに及ぶ市街地・公道で実証実験を実施している。自動運転の研究においては、多種多様な実験路線で、なるべく多くのデータを集めることが、システムの完成度に大きく影響する中で、金沢大学は現在もっとも蓄積のある大学の一つといえる。

高齢過疎地域における移動手段としての自動運転

次は筆者の古巣である慶應義塾大学の大前学研究室だ。[20] この研究室も比較的古くから実車を用いた自動運転研究開発に取り組んでいる。特に2007年から慶應義塾大学で実施された「コ・モビリティ社会の創成プロジェクト」では、閉鎖空間ではあったが、自動運転の総合システムの開発を行っている。[21] このプロジェクトは、「子供からお年寄りまですべての人が、自由に安全に移動でき、交流が容易になり、暮らしやすく、創造的・文化的な社会」を形成することを目的としている。たとえば、過疎地域においても自動運転車であれば、生活基盤になるようなお店が揃っているところまで自由に移動できる。また、商店街の品物を過疎地域に自動運転車で運んでいき、出張販売するといったことも考えられる。そういったシステムを実際につくり、その社会的重要性を検証していくのが、このプロジェクトであった。宮城県栗原市で行った実証実験では、完全自律型自動運転を想定して、8台の小型電気自動車を改造した自動運転車と、車両の配車を自動で行う管制センターを、栗原市にある休眠施設に実装し、栗原市民の皆さんにも参加いただく運用デモンストレーションを行った。

多様な研究内容

次に、東京大学生産技術研究所のＩＴＳセンターについて紹介しよう。(22) このセンターは、高度交通システム（ＩＴＳ：Intelligent Transport Systems）を「人〜インフラ〜移動体が情報通信で結ばれた環境下で、移動に関する安全・安心、環境・効率、快適・利便の向上に寄与する一連の技術や、社会・経済制度全般を対象としたイノベーション」と位置付けており、自動運転技術もその一部として研究が推進されている。自動運転は情報や制御、機械、電気・電子などが融合した技術であるが、このセンターは日本の大学で初めて自動運転などのＩＴＳの研究を行う分野横断型の研究組織として発足している。

次は同志社大学だ。同志社大学は、２０１１年にモビリティ研究センターを立ち上げ、その中で自動運転の研究をしている。(23) このセンターの特徴は、「ドライバ・イン・ザ・ループ」と呼ばれる、人間が介在するレベル3の自動運転の実現を念頭においているところだ。たとえば、無人自動運転にすれば人間が運転する必要はないが、同志社大学では、高齢のドライバーの能力が衰えてきた部分を補うような自動運転を考えており、あくまでも運転するのはドライバーだということで、「進化適応型自動車運転システム」と呼んでいる。人間の能力を補うような自動運転システムとはどういうものかを検証している研究組織である。

一方、名古屋大学未来社会創造機構のモビリティ部門は、「高齢者が元気になるモビリティ社会」を目的として掲げて自動運転の研究開発を行っている。[24] ここは、トヨタ自動車関連とのつながりが深く、研究の方向性として上手な運転に誘導する機能を研究するなど、運転支援型の自動運転に注目しているところにその特徴がある。また、高齢ドライバーの運転能力を維持するための運転のトレーニングなども含めて多角的な研究が実施されている。

群馬大学の取り組み

ここで筆者の所属している群馬大学について紹介しよう。群馬大学は大学組織として、自動運転の中でも特に完全自動運転に焦点を絞って、関連技術の高度化研究と企業や自治体と連携した社会実装を目指している。[25] ２０１６年12月から、群馬大学ではこの完全自動運転をはじめとする次世代モビリティの社会実装を推進するための組織として、次世代モビリティ社会実装研究センターを設立した。この研究センターでの自動運転に関する取り組みとしては、タクシー、路線バス、高速バス、物流トラックといった、輸送サービスを商品とする自動車輸送事業を中心に据えた分散型事業に対して、群馬大学の所有する完全自動運転に関する情報地図作成技術、認知判断操作技術、車車・路車間協調技術、管制・遠隔操縦技術、完全自律型車体プラットフォーム開発技術、自動運転シミュレーション技術をはじめとした技術シーズを中心に、多分野にわたる数多くの企業との連携、自治体の社会実装協力体制をもって、持続可能なビジネスモデルとしてパッケージ化し、多業種・多分野・多地域にわたる展開を図ろうとしている。

これまでに述べたように、完全自動運転車をあらゆる場所で走行可能にすることは技術的に難しく、現時点においては地域や路線を限定して導入するアプローチが完全自動運転を早期に社会実装する有効な手段である。そこでこの研究センターでは、自動運転を実現するあらゆる技術に対して、さまざまな環境で動作する汎用的なアルゴリズムの研究開発をするのではなく、特定の環境で確実に動作する専用のアルゴリズムをつくり、それを部品化して地域や路線に合わせて組み立てることで、自動運転の信頼性を向上させ、完全自動運転の技術の壁を突破することを考えている。

これをわかりやすくたとえれば、世界中の信号機を80%の確率で認識するアルゴリズムを既存の自動車に運転支援システムの延長線上の自動運転として搭載して世界中に販売し、このアルゴリズムの認識確率を向上する研究開発を行うのが、世界的な流れといえる。

一方、銀座の数寄屋橋交差点では100%の確率で信号を認識するアルゴリズムを研究開発し、それを部品化して、他の交差点の信号機を100%認識するアルゴリズムと組み合わせて、東京駅―銀座間を結ぶ完全自動運転サービスを実現する。また併せて、部品の共通化や自動組み立て技術を研究開発することで、地域や路線の効率的な拡大につなげる。

現在のところ、完全自動運転の導入初期は、路線バスや高速バス、物流トラックといった路線が限定されている事業を対象に、近年深刻化しつつある運転手不足を補うかたちで全国の都市・地方を問わず浸透させることを目指している。導入中期には、タクシーといった地域、すなわち面的に車両を運用する事業へ浸透させて、最終的には日本全国での完全自動運転の運用を可能とする計画である。現在のところ、2020年までに対象とする路線のいずれかで、完全自動運転の事業が開始されることを目指している。

こうした地域や路線を限定するということは、なるべく多くの異なる環境で知見やノウハウを蓄積することが技術とビジネスの両面で重要となる。現在のところ、桐生市、太田市、富岡市、南牧村において自動運転の社会実装研究を行う合意がなされており、一部ではすでに公道での自動運転の実証実験が進められている。このように国内の研究機関有数のバラエティに富んだ実装環境が整っていることも群馬大学の特徴である。

また、こうした特徴を生かして、「完全自動運転がある社会を考える場」としての役割を担うことも目指している。完全自動運転とは単に人が運転せずに走れるという特徴があるだけではない。これまでにも述べたように、完全自動運転は人々の生活を変え、ビジネスの在り方を変える大きな二次的効果を持つ。こうした完全自動運転に触れることのできる環境を、群馬県をはじめ多くの地域に提供し、それを教育活動とつなげることで、幅広い意味での完全自動運転対応型人材を育成する。

また、産業への貢献という観点でいえば、自動車産業だけでなく、多業種・多分野にわたる産業との連携も目指している。多くの企業は、自社で自動運転の技術をもつ必要はなく、自動運転が普及したときに自社の技術やサービスを利用できるようにすることで大きな利益に結びつく可能性がある。たとえば医療や治安、飲食業、観光業、インターネットコンテンツ業など、直接自動車交通とは関係のなかった分野のあらゆる企業が、自動運転をベースにした新しい産業の創出につなげていく場を提供することである。

完全自動運転の技術をビジネスにつなげて成功するのは自動車メーカーかもしれないし、IT企業かもしれない。それはそれで重要なことだが、日本の将来性を考えればむしろ、完全自動運転に影響されるその他の産業が完全自動運転にいち早く対応することこそが最も重要ではないだろうか。そしてそれを担う人材を育成することもきわめて重要なことである。また、そうした地域を都心ではなく群馬県という地域に置くことで、地方の活性化にもつながり、地方創生の役目も担えると考えている。

一言で自動運転の研究といっても、各大学でそれぞれ特色があり、面白い。これから大学に入って研究をしたいと考えている若い方も、自分がどういう方向の研究をやりたいのかを考えて大学を選んではいかがだろうか。社会人になる頃には、確実に自動運転の社会に突入しているはずで、そのビジョンを活かしてそれで起業しようという人たちも出てくるだろう。若い人たちに魅力のある、世界的にも活躍できる、そういった教育や研究を各大学はやらなければならない。

第7章 自動運転の未来

2020年がターニングポイント

自動運転をとりまく環境が今後どうなっていくかについては、さまざまな見解があるが、筆者は比較的早い段階で完全自動運転車が世の中に普及していくと考えている。

これを日本中心に見ていこう。もしかすると、第6章で述べた中国やシンガポール、または、欧米の速い動きにつられて、こういった流れになるかもしれないが、全体としては以下のようになっていくのではないか。

自動運転で一つのターニングポイントは「2020年」である。2020年までには、高速道路上での合流や車線変更を含んだレベル2の実用化はほぼ間違いないであろう（表を参照）。ただしそれは、人間が運転することを前提として、運転から離れたいときは自動運転ができるが、その際は監視を続けていつでも運転できるよう準備しておかなければならないというレベル2の自動運転だ。

現存の自動車の形は何も変わらずに、自動車メーカーのオプション品として自動運転システムが搭載されるようなイメージである。

自動運転という言葉は新しく、夢のある言葉なので、はじめはそれなりに売れるだろうが、それだけでは徐々に売れなくなっていくだろう。とはいえ、2020年までには、高速道路上の移動はほぼ100パーセント、レベル2の自動運転で可能になる。

最近、日産自動車が出した新型セレナもその一つということになる。高速道路で最初から最後まで自動運転で走れるというわけにはいかないが、最終的には料金所から料金所まで、途中のサービスエリアへ経由することも含めて完全に自動運転で走れるようになるだろう。

誰が買うのか

導入した直後は、自動運転が実用化したことが好意的に報道され、夢が実現したと受け

表　自動走行システムの実現期待時期（戦略的イノベーション創造プログラム（SIP）自動走行システム研究開発計画資料より作成）

自動化レベル	
レベル1	実用化済み
レベル2	2020年まで（計画）
レベル3	2020年目途（計画）
レベル4	2025年目途（計画）

入れられる一方、自動運転による事故も起きるだろう。すでに事故は起きていて「本当に大丈夫か」と不安視する報道もされているが、それがより顕著になってくるだろう。たとえば、レベル2の自動運転であるにもかかわらず、居眠りをしたり、よそ見をしたり、果ては飲酒をしての人身事故などを起こしてしまう人が出てくるかもしれない。それについての報道も、自動運転は悪なのではないかという方向になり、本当に夢の乗り物なのだろうかと疑いの目が向けられる。最終的には夢から覚めてしまうのではないかと思うだろう。

長距離貨物輸送車に積極的に自動運転を搭載する動きが出てくるかもしれないが、一方で、最初から疑いの目を持っている人もいるはずで、事故が起きれば利用を制限する動きは強まり、自動運転車は技術的に未熟で、やはり人間がやるべきだという方向に動くかもしれない。

そういったマイナスの影響を受けて、自動運転車の売れ行きは徐々に落ちていくだろう。最終的には、個人所有の長距離移動主体のユーザー向けの限定的なマーケットになるだろう。個人所有向けというのは、事業体として貨物輸送をやっている場合、経営者がドライバーを雇うため、経営者が許可しない限りドライバーは自動運転を使えない。危険とされる自動運転車の利用が制限されるのはもっともで、では誰が使うかというと、自分でリスクを背負えるような個人所有のドライバーである。なおかつ、高速道路での利用に限定されるので、長距離を移動するようなユーザーがマーケットになってくるだろうと考えられる。

一方で自動運転の実用化と並行して、海外では隊列走行技術が実用化すると考えられる。隊列走行はすでに述べたように、前の車について運転する技術で、今までの自動運転の話とは少し流れが違い、認識部分では自動運転よりも敷居が低い。その点でも事故は起こりにくい。

日本は少し遅れるかもしれないが、外国の動きを受けて法整備が進んでいくだろう。先頭の車はドライバーが運転しなければならないが、隊列走行で後続の車は無人で動かせるようになる。自動運転と呼べるかどうかは微妙だが、こうして実用化が進んでいくだろう。

もう一つの流れとして路線バスや高速バス、物流トラックといった自動車運送事業への完全自動運転に向けた動きが生まれるだろう。第1章でも述べたように地域や路線を限定すれば求められる技術レベルが下がるため、完全自動運転の導入も現実的になる。初期はレベル2のかたちで運用されながら実績を積み、最終的には完全自動運転が試験的に少しずつ導入されるだろうと考える。

2020~2025年の自動運転

次に、2020年以降2025年頃までのことを予測してみたい。夢から覚めると書いたが、それでも、レベル2または、レベル3の自動運転は、再び使われるようになっていくだろう。それまでは自動運転の車が行う認知、判断、操作をすべて人間がやみくもに監視していないといけなかったのが、自動運転が実用化することによって、技術的に向上する面もあるだろうし、人間が自動運転の仕組みに慣れてきて、どういった能力があり、どういった限界があるのかの理解が進むということも起こるだろう。そのうち、認知、判断、操作における人間と自動運転の役割の分業化が徐々に進んでいくと考えられる。

すると、自動運転の認知、判断、操作の範囲が徐々に拡大していけばよいことになるから、やや高価な、認知、判断、操作の役割が広く担えるような高度認知機能搭載モデルが発売され、安全性が大きく向上する。人間はすでに自動運転とのかかわりに慣れているのでうまくやっていけるだろう。

そのレベルの自動運転車のターゲットは誰か。これまで運転をしてきて、自分の運転能力が徐々に衰えてきたことに気づいた高齢者を中心に、高級モデルとしてそのマーケットが拡大していく。乗用者の自動運転の実用化が、高速道路から一般道に広がるのはこの時期ではないかと予想している。短距離利用が中心の高齢者が、安心を手に入れるために自動運転車を利用するようになるのである。ぶつからない車のマーケットにこの人たちが流れてくるだろう。それに伴って業務利用にも、レベル2またはレベル3の自動運転車が見直されて利用が進むかもしれない。

そういった流れが出てくれば、法律もだいぶ変わっていくはずだ。自動運転であれば、高齢者の適性チェックについても、許容範囲が広くなっていくこともありえる。さらに、新しく運転免許を取る人も、自動運転を前提とした社会で育った人たちが増えるだろう。運転免許センターでの講習や教習所での実習に自動運転車が付加されるようになるかもしれない。いずれにしても、自動運転を経験した人の比率が圧倒的に増えていく。

隊列走行は2020年までに実用化すると述べたが、長距離の物流における無人化、省力化のための利用から始まり、過疎地域での連結型モビリティが法的にも認められるようになると、さらに普及していくだろう。

こういった流れからすると、自動運転は、業務用の高価なもの、高齢者を保護するものといったイメージができて、若者は利用しないかもしれない。

公共交通はどう変わるか

一方、自動車運送事業においては、完全自動運転車の運用が拡大していくだろう。それまでは、路線バス、高速バス、物流トラックを主として導入されるが、徐々にタクシーや配送トラックにも導入が進むだろう。これは、線ではなく、面で完全自動運転が動かせるような技術的な基盤が整うためである。ただし、そのエリアは、市街地の中心部などに限られ、市街地間を面で結ぶところまでは進まない。基本的には、どこかの市街地の中で価値の出せる事業に特化して動くようになってくるだろう。

ここまでくると、完全自動運転の利用形態の幅も広がるようになるので、車の形も、既存のものが最適ではないことに人々が気づく。たとえばタクシーといっても運転者がいないので、既存の車の形にこだわる必要はなく、運転席を前提としないさまざまな自動車の形が模索され始める。

2025〜2030年の自動運転

次に2025年から2030年に起こることを予測してみよう。その頃には完全自動運転車の利用爆発が起こるだろう。レベル2とレベル3については、自動運転は安全であるという意識が一般の人たちに徐々に浸透していくだろう。当然、技術的にもレベルが上がり、自動運転は安心・安全な乗り物であるということになって、完全自動運転車もさまざまなところで使われるようになり、素晴らしい乗り物だという考え方が浸透していくのがこの頃だ。

そして、いよいよ政府としても、完全自動運転車を一般に対して利用可能とする仕組みを整備するようになる。ただし、当然ながら最初は高価なものになるだろうし、かつ、メンテナンスが非常に面倒でコストがかかるだろう。だから、買える人は限られる。経済的に余裕がある人はわざわざ完全自動運転車を買わなくてもドライバーを雇えばいいので、趣味のレベルで購入する人も出てくるだろう。完全自動運転車は安全という意識が浸透すれば、ハリウッドスターがプリウスを買ったように、「安全な乗り物に乗っている」ことがステータスになり、普及していくかもしれない。

一方、完全自動運転車が世の中に普及すると、メンテナンスを専門とした資格や業態が出てくるだろう。こうして完全自動運転車を走らせる土台も徐々につくられていく。

それまでは自動車運送事業を主体として、限定的に完全自動運転車が使われていたものが、一気に広がる。それまで自動車を所有していた人だけが購入するだけでなく自動車を持っていなかった人たち、たとえばバスや鉄道を利用していた人たちも完全自動運転車を購入するようになるのだろう。カーシェアリングと融合していく可能性も十分にある。

この頃になると、国内の交通の少ない峠道や国道のなかであまり整備されていないところを除いて、普通に車が走っている主要な国道や県道を網羅し、全域を完全自動運転車が走れるようになる可能性は大きい。

大きく分けると、２０２０年までは、路線バスや高速バス、物流トラックの路線を完全自動運転で移動できるところが生まれる。２０２０年から２０２５年は、駅から市役所やショッピングモール、病院など、その都市の全域をカバーするような完全自動運転が増えてくる。そして２０２５年以降になると、東京から名古屋まで自動運転車で行き、そこで車を乗り捨てて、帰りはまた別の車を手配するということもあり得るようになるだろう。

こうした完全自動運転車が生まれると、もはや車は既存の形ではなく、居住空間が移動するような感覚になる。自動運転車は低コスト型のものやリビングルーム型、会議室型と

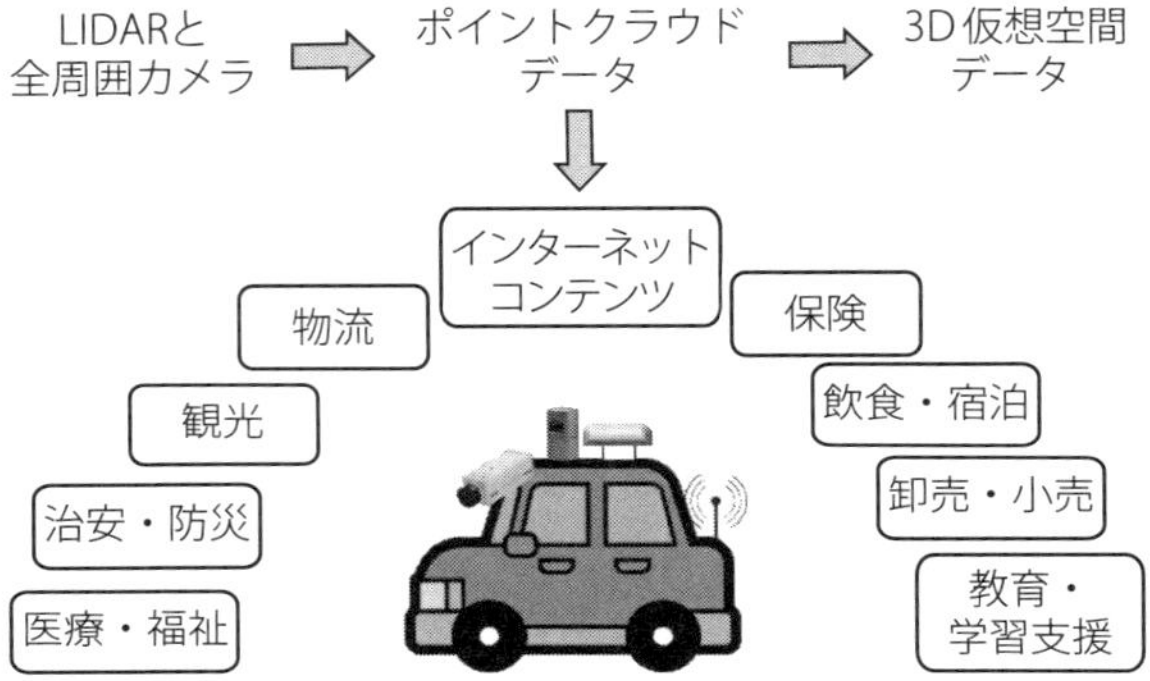

図1　自動運転が得る膨大な情報は多分野での利用価値を持つ

いったタイプに分かれ、それぞれにかかるコストは異なるだろうが、カーシェアで、状況に応じて選んで乗るようになっていくだろう。

さらに、この頃になると長距離を移動できるようになるので、医療・福祉、治安・防災、観光、飲食・宿泊、卸売・小売、広告、インターネットコンテンツビジネスなど、さまざまな分野で自動運転車を利用した業態が始動する。たとえば治安では、自動運転車で地域の見守りをするといったことは、当然、行われるだろう。自動運転レストランや、自動運転で広告をするといったものも出てくる。医療の分野では、自動運転救急車が当然出てくるはずだ。あらゆる分野に自動運転システムが浸透していくと予測する。

物流はどう変わるか

物流についても、2020年から2025年の間にレベル2、あるいはレベル3の自動運転車をどんどん取り入れていくが、2025年から2030年には完全自動運転車に切り替わるだろう。人が運転するよりも自動運転のほうが安全で、なおかつ、メンテナンスさえしていれば、人間が運転するよりもコストを抑えられるかもしれない。となると、もはや人が運転する理由はなくなってしまう。重労働な中長距離のターミナル間を運転するドライバーは高齢化による引退で徐々に減り、最終的にはほぼ100パーセントが自動運転に切り替わるだろう。

短距離については、当然、完全自動運転車も増えるとは思うが、100パーセントにはならないかもしれない。たとえば宅配便は、配送所から配送所への中距離輸送では客に会うことはないが、各戸に届ける短距離輸送の際は、客に物品を渡すという行為がある。人と人とのつながりを大事にし、それを付加価値とする業者が現れて、人間による運転が一定数維持されるだろうと考える。

2025〜2030年の社会

2025年から2030年頃は、自動運転では混沌とした社会になっていて、自動運転に関連してさまざまな問題が起きるだろう。一つは、完全自動運転車が乗用として一般に普及し始めることで、車全体の数が増えてしまう。そのため、それまでには起こらなかったような渋滞が起きる可能性が出てくる。完全自動運転車を使った犯罪も出てくるかもしれない。こういった問題を一つひとつ解決していくべき時期になるだろう。

それとともに、急激な完全自動運転車の増加に対応するため、いよいよ協調型自動運転の効果が出てくる。それまでは手動運転が主流だったので、渋滞の回避とか事故予防には効果がなかったが、完全自動運転車が増えてくれば、いよいよ効果がはっきりと表れ実用化が活発になっていく。

これもすでに述べたが、自動運転車を使ってさまざまなことをやり始める人がいて、中には自動運転車に住む人も出てくるのではないだろうか。最初は珍しがられるかもしれないが、そうした人はだんだんと増えていくだろう。

さらに、社会が完全自動運転を許容するようになっているということは、裏を返せば、法整備や倫理観の問題は解決していることが前提になる。すると、車道だけでなく、歩道あるいは人間の生活空間においても、大出力を持ったロボットが登場する。筆者はこれを人間共生型ロボットと呼んでいるが、そういったものの実用化が検討されてくる。車道から車道の「ドア・トゥ・ドア」はできるが、車道を離れたあとの自分の手元までの、物流でいえば「ハンド・トゥ・ハンド」を取り持つ人間に近いサイズのロボットがいよいよ実用化される。そんな状況で世界は一気に変わっていく。

2030〜2035年、本格的な自動運転化へ

2025年から2030年は国が完全な自動運転を許容する時期といったが、2030年から2035年には、国として、自動運転のほうがいいという方向へシフトしていくだろう。そして、言い過ぎかもしれないが、「手動運転は有害である」という意識が広がっていく。

移動にかかわる業務用車両、すなわちタクシーあるいはカーシェアのような車に対しては、その業態や車両に対して課税面で優遇策をとることも考えられる。一方で、自動運転レストランが無数に走るようになっても困るので、それをコントロールするための課税も

必要になるかもしれない。

そういったことから自動運転車の個人所有を制限することもあり得るが、自動運転車の素晴らしさや価値に気づきはじめると、もはやそれを完全に制限することはできないだろう。自動運転車のメンテナンスを支援するインフラやサービスもかなり整っているはずで、そうなると、個人でも自動運転車を所有できる社会になっている可能性がある。しかし、価格はかなり高そうだ。当然、課税もされるわけで、家でいうとワンルームマンションのような小型の自動運転車が普及してくるかもしれない。

鉄道はどうなるか

ここで話題を変えて、公共交通機関の中でこれまであまり触れてこなかった鉄道の話をしたい。この頃までに鉄道の自動運転技術も順調に進歩しているはずだが、完全自動運転バスが鉄道を超えた価値を持つようになっている可能性がある。

完全自動運転バスが普及すると運賃が下がる。また、現在のように運転手不足で柔軟に運用できないということもなくなり、車両さえあれば、好きなだけ走らせることができるようになるので、完全自動運転バスは非常に利用しやすくなるだろう。すると、自動運転車のカーシェアよりも安いコストで大量輸送できるようになり、東京の山手線や東急東横線といった、駅と駅の間隔が短い路線では徐々に利用者が減少し、いわば低料金の移動は完全自動運転バスに顧客を奪われていくことが予想される。

鉄道はあえて自動化しないでもコスト的に賄うことができた。コスト的に鉄道に勝るような乗り物はほかに存在しなかったからだが、いよいよここで競争者が生まれ、鉄道も自動化を進めずにはいられなくなるだろう。

ただし、新幹線のような長距離輸送は例外である。個室で快適に移動したいとグリーン車に乗っていた人たちが、自動運転車に流れていく可能性はあるが、高速で移動できる点を考えると新幹線の優位性は変わらない。

自動運転の普及と手動運転の衰退

イメージとしてはたばこと同じで、数多くの人たちが喫煙していた時代から、喫煙者は少数派になったことと同様の現象が起きて、手動ドライブの楽しさだけを追求していた自動車メーカーは完全に取り残されて、その周辺の中小企業も含めて倒産の危機にさらされる。そして、買収によって自動運転化を強制的に進める動きはどんどん進んでいく。

一般レベルでは、自動車運転免許を取得する人は大幅に減るだろう。完全自動運転になれば、運転免許は必要なくなるからだ。

この頃からワンルーム自動運転車で暮らす人は増えてくるかもしれない。ワンルーム自動運転車用のカーポートのようなものが存在すれば、それは現実的だ。ここでは上下水道、や電気などを接続できるシステムをカーポートと呼んでいる。こういったライフラインにつなげられるのであれば、ワンルーム自動運転車に住むことも十分に考えられるし、そういう人は徐々に増えていくだろう。

広範な分野に普及する自動運転

この頃になると自動運転も安定期に入ってきて、あらゆる事業分野で人々はそれに慣れてくる。それまでに生まれた新しい業態が、その頃には落ち着いてきて、それぞれが完成形に向かう。

自動運転の実用化によって仕事を失ってしまう人たちが生まれるかもしれないが、一方で新しい業態で徐々に安定した雇用が生まれてくるだろう。それによって、混乱状態は少しずつ沈静化していくのではないか。

ワンルーム自動運転車が生まれると、車の大型化が進むだろう。もしかしたら、大型トラックサイズの車をワンルーム自動運転車といって走らせる人たちが増えてくるかもしれない。そうなると住所不定の人たちが生まれてくるわけで、それが社会問題になるだろう。そういう部分に対する法律や規制の整備もこの頃には進んでいくだろう。

車ではないが、「人間共生型ロボット」も、この頃には実用化しているかもしれない。

完成期を迎える自動運転（2035〜2040年）

2035年から2040年頃は、いよいよ自動運転社会が完成に近づく時期である。完全自動運転車が交通機関の大部分を占めるようになる。かなり急激に実用化が進む印象を受けるかもしれないが、おそらくこのぐらいのペースで進むのではないかと考えている。それに合わせて法の整備、税の整備も進むだろう。

2040年といえば、今から約25年の時間がある。25年間も使用できる乗用車はほとんどないから、車の買い替えサイクルから考えると、いよいよ自動運転車が中心になっているのである。

それを前提とした法の整備や税の整備も進み、自動運転が社会の一部として受容されるようになる。自動運転車は、既存の自動車とは分離される動きも出てくるだろう。それまでは自動運転車の事故がニュースで取り沙汰されていたが、いつの間にか手動運転車の事故が取り上げられるようになり、「手動運転車は怖い」と報道されるようになるかもしれない。

この頃には協調型自動運転車も当たり前になっているはずだ。都市部では手動運転車は邪魔な存在になり、自動運転車を走らせたほうが何倍も効率的で安全になることから、とくに手動運転車の走行が規制されることになるだろう。また、従来の自動車税もアップして、どんどん排斥される方向に進んでいく。

すでに述べたように自動運転車の形はいろいろなものが出てくるだろうが、ワンルームの自動運転車を全員が持つようになると大変なので、大型の自動運転車については通行料のようなものが導入されるだろう。通行料は小型車ならこの時間帯は低料金だが、大型車の場合には高くするといったことになる。自動運転になれば、料金などお金の勘定も通信でできるので、柔軟に通行料が設定される可能性がある。

自動運転と手動運転は分離されるようになるため、地方都市では手動の運転特区が生まれ、手動運転を地域活性化に利用して生き残ろうという動きが出てくるかもしれない。

鉄道については、地方都市から主要都市部へ向かっての動きになるだろうが、徐々に廃止されて、完全自動運転車専用道として開放する動きが進むだろう。開放された専用道は、個人所有あるいはカーシェアリングの完全自動運転車が走ることもできるが、完全自動運転バスも走るようになる。そして、鉄道を利用していた人たちは完全自動運転バスを使うようになるだろう。

ただし、鉄道は低燃費で走行できるメリットがある。そのため、鉄道のレールは残しておいて、その周りを舗装する。そして、自動運転バスを軌道に乗せて走らせることや物流車両が軌道を使うことで、燃費を抑えて走行する形が生まれてくるかもしれない。

自動運転で変化する生活

次に、ワンルーム自動運転の進化形として、遊牧民的な生活者が生まれてくるといわれている。つまり住所不定の人が出てくるだろうということだ。

遊牧民的な生活者は都市部に住まない。地方に住んで、「どこでもドア」としての自動運転車の機能をフル活用して、都市部に用があるときは、寝ている間に移動しておけばいいという考え方を持つ人たちだ。そういった人たちが一定数増えることで、既存の賃貸住宅の家賃が低下していくだろう。不動産としての家の価値は徐々に減っていく。一方で、自動運転車用カーポートを備えた住宅が価値を持ってくると考えられる。

一家に1台かどうかは分からないが、自動運転車用のカーポートを持っていて、機動力を持った家としてストックしておくわけである。ただし、自動運転車のサイズだと家ほど大きくないので、そこでの過ごし方は窮屈でもある。だから、みんながみんな遊牧民になるとは思えない。広い家で、きちんと整備された風呂、トイレ、寝具のあるところで寝たいという普通の感覚をもつ人もいるだろう。その二つをうまく使い分ける人たちが増えてくるかもしれない。

そうなったときに起こることはいろいろ考えられる。まず思いつくのは、集中していた人口が徐々に分散していくということだ。これまで東京近郊に集まっていた人たちにとっては「どこでもドア」を手に入れたようなもので、ある程度の距離であれば地方に住んでいても許容されるようになり、人の住むエリアは徐々に広がっていくだろう。その結果、都市部の人口は徐々に減るかもしれないと予測している。一方、住人の高齢化で人気がなくなっていた、ちょっと遠距離にあるベッドタウンは人口が回復してくる可能性がある。

この頃になると完全自動運転車が交通の中心を占めるようになり、どこかの時点で、事故死傷者数ゼロという究極の目標が達成される可能性がある。

ロボットの人工知能もかなり進化し、人工知能が人間の知能を超えるシンギュラリティになっている可能性がある。すると、人工知能がいろいろなところに拡散していく。また、ロボットの体がいくつもあることになれば、人間の活動も時間的に並列して進めていくことができるようになり、あっちの打ち合わせとこっちの打ち合わせを同時にやってしまうことも可能だろう。そうなると仕事の意味も大きく変容する。

以上、2040年までに世界は大きく変わってしまうという筆者なりの予測を述べてみた。

個人の日常はどうなるか

人間の文化の発展は、最初のころは歩くしか手段がなかったが、馬などの動物を移動の手段として扱えるようになり、その後に車を得て一気に加速した。

物の流れあるいは人の流れが非常に速く効率的になることで、その時代の覇者になれる。仮に自動運転で日本が後れをとったとしても、海外に行ったら自動運転車が走っていて非常に効率的だということだったら、否が応でもそういった流れに乗らないといけないだろう。技術的には、もはやそれほど難しい話ではなくなってきているので、思っているより速く世の中は動いていくのではないかという危機感をもっている。

自動車そのものの変化にとどまらず、市場が変わることで、これまでとは違うビジネスチャンスが現れ、自動車を取り巻く環境のいろいろなところに変化が起きるだろう。自動車を中心としたビッグバンのようなイメージだ。そういう大きな変化が今後10年余りの間に起きる。

スマートフォンを思い出してほしい。10年前は、まだまだ少数派で、さらにその5年前には、完全に今でいうガラケーの時代だった。スマートフォンだってそのくらいの速さで普及したのである。自動車の買い替えサイクルと携帯電話の買い替えサイクルはかなり違うので、そこまで速くはないかもしれないが、1990年代半ば頃からだと、自動車の形も変わり、かなり安全になって、ずいぶん乗り心地がよくなった。同じぐらいのスパンで、これまで述べたような変化は当然起きてくるだろう。

完全自動運転車では、ガソリンではなくて電気や水素が主な動力源になってくるだろう。もともと自動運転車の制御としても電気のほうが相性がいいし、住むのにも快適だろう。そう考えると内燃機関だけの車両はさらに加速度的に減っていくだろう。

2040年のある一日

私は55歳で、群馬大学に在籍している。自宅は東京にある。

今は起きたばかりの7時で、今日は10時に大学で講義がある。20数年前には、東京から群馬大学まで自動車を使って行くとしたら、そろそろ出かけないといけない。場合によっては遅刻するかもしれないぎりぎりの時刻だが、今は、まだまだ寝ていられる。

9時、つまり講義が始まる1時間前になってようやく準備を始めれば大丈夫だ。なぜなら、ワンルームの自動運転車だからだ。車の中で髭をそって洗顔し、洋服を着るぐらいの環境はその部屋にあり、移動しながら身支度ができる。9時20分頃、身支度が終わった。今日の講義資料に目を通そう。9時45分になったので、そろそろ家を出る。実は、ワンルーム自動運転車なので、ドアを開けると目の前はもう大学の校門である。最近では、大学の講義棟の前まで行くこともできる。どちらにせよ、講義が始まる40分前までパジャマ姿でいられるという幸せだ。

ドアを開けたら大学の校門なので、講義室まで5分で着く。講義開始の10分前には到着できる。ロボットの技術も自動運転車と同じように進んでいて、講義資料はロボットが準備してくれる。講義はいつものようにお昼の12時に終える。

講義終了後は、14時30分から都内で共同研究の打ち合わせがある。20数年前なら、「うわー、きついな」と思うだろうし、大学の業務もあるので、そういうスケジュールを組むことはせず、打ち合わせは断っていた。だが、今はそのスケジュールは可能だ。シンギュラリティを迎えたため、人工知能のマッチング機能で「こんな合意形成がされるでしょう」というところまで結果が出ている。共同研究者どうしでそれぞれがやることと、どういった契約を結べばいいのか、どれぐらいのコストがかかるのかというところも、人工知能で計算してくれている。

とはいっても、やはり共同研究の打ち合わせとなると、顔合わせは礼儀であり、両者がそろって契約書に印鑑を押すという手続きは習慣として残っている。そのために、都内へ行かなくてはいけない。

14時30分だから、講義終了後、2時間半で移動しなければならないので、途中で昼食をとっている時間はない。だから、今日も昼食は自動運転レストランから取り寄せる。私が自動運転車で走っているところにレストランが寄ってきて、おいしい食事を届けてくれるのだ。私のワンルーム自動運転車に届けてもらうのに30分、食べるのに30分で、13時に食事を済ませた。この後、都内に着くまでの間に、私の研究室の業務をやってしまおう。遠隔で研究室の会議をするのだ。

研究室内の会議は、いつも顔を合わせているので、すでに信頼関係ができているため、遠隔で行っても問題はない。だから移動の時間内に済ませられる。運転は自動だから、議論に集中していてもかまわない。

到着時刻は15分前の14時15分ぐらいに設定しよう。共同研究なのでわれわれの開発した装置も持っていき、会議をする。この頃は、協調運転も進化し、効率化も進んでいるので14時15分ぴったりに到着できた。降りたら相手の会社の玄関前だ。

さて駐車はどうしよう。企業は都内の一等地にあるため、駐車料金が高い。懐具合は20数年前と変わらず余裕がないので、遠くの駐車場に停めよう。30分ほど離れたカーポートに自動で停めるように設定し、打ち合わせが終わるのは16時半ぐらいだろうと見越して、同じところに迎えにきてもらうように設定する。

今日の打ち合わせはとんとん拍子に進んだので、予定より早く終わった。さすがに打ち合わせの最中に早めに迎えに来てもらうようなリクエストはできなかったから、車はまだ迎えに来ていない。これが遠くに停めたときのデメリットだ。結局、私は開発した装置を持って外に放り出されてしまった。

装置を持ち歩くのは面倒なので、近くの自動運転の物流業者に依頼して、装置を大学に送ってもらおう。この頃は、20数年前のタクシーのような感覚で荷物を宅配する自動運転物流車を見つけることができるので、預けるという行為も、人手を介さずにできる。私が預ける装置は高価で大事なものだが、自動運転車にはいろいろなセンサーも載っていて、安全監視もなされているので安心だ。

さて、荷物は預けたが、車はまだ迎えにこない。今日は、18時からつくばで懇親会があるので、この辺でぶらぶらしているよりも早めに向こうに着いていよう。私の車が来るのは30分後なので、迎えは諦めて、時間になったら自宅に戻るように遠隔で操作する。自分の車は自宅に回送させることにして、私はカーシェアの自動運転車で移動しよう。

つくばへ向かう途中につくばみらい市という街がある。田園地帯が広がり、古い建物が目立つ、古き良き時代の面影を残した地域だ。最近は、自動運転用ベッドタウンとして、都心に通うのにちょうどいい距離ということで、開発が進んでいる。つくばのベッドタウンとしてだけでなく、ワンルーム自動運転車で都内に通勤するような若年層は、つくばみらい市あたりに住んでいるという。

17時30分に、つくばに到着する。30分前に着いてその辺をぶらぶらした後で、懇親会に出席してお酒を飲む。翌日は仕事があるが、帰りはまたカーシェアの自動運転車で寝ながら帰ればいい。

22時。飲み過ぎるくらい十分に楽しんだ。20数年前には、つくばで二次会までの参加は終電が気になってできなかったが、それもできる。自動運転だと、途中で帰れなくなるということもなくなった。ただ、家に着くのは24時を過ぎる。あまり歓迎されない時間なので気にするということは20数年前と変わらない。

最近はホテル型自動運転車も登場し、リビングのようなイメージのカーシェア自動運転車と違い、寝るのに特化し、目的地を設定すれば定時に連れて行ってくれる。それを呼んで、群馬大学に翌日の8時30分にセットすると、8時30分ぴったりに校門の前に着くことができる。しかし、服は着替えたいし、自分のワンルーム自動運転車にいろいろなものが置いてある。翌日に自分のワンルーム自動運転車を呼び寄せるコスト、プラス、ホテル代。そんな費用をかける必要があるのかどうか悩んだ挙げ句、安めのカーシェアの自動運転車で家に帰ることにした。

カーシェア自動運転車でも車内で少し寝られる。ただ、スペース的には窮屈なので、やはり自宅のほうが落ち着く。帰宅して風呂に入り、明日の準備をすませて、自分のワンルーム自動運転車で寝る。自宅の快適なベッドで寝られないのが遠くに職場があるサラリーマンの悲しいところだが、これで明日の朝寝坊も心配ない。翌日の8時30分には自分のワンルーム自動運転車は、大学の近くに到着しているはずだ……。

2040年にはおそらくこんな生活スタイルになるだろう。

このように、プライベート空間が常に移動し続けるので、いつもリラックスした生活ができると想像される。これが鉄道だったら、あくまでも公共スペースであり、どこか窮屈だ。自動運転車なら、窮屈とはいえ、いまの移動手段よりも断然リラックスした個室空間を満喫できるようになる。移動しながら、いろいろなことができるようになるだろう。

はたして渋滞がどうなるかだが、協調型自動運転なら変わってくるかもしれない。渋滞のない専用道を使うために料金を払うといったこともあるだろう。

手動型自動車がどれぐらい残るかについては、日本では強権的にゼロにすることはあり得ないが、特に都市部では、事故を減らすために手動運転を排斥する動きが進められるかもしれない。

……「手動運転車でまた事故」というニュースがあった。運転が好きで手動自動車をやめられずにいる友人が、そのたびに妻から「あなた、まだ手動運転車に乗っているの?」と責められているという。国からは自動運転に乗り換える補助金もあるし、「早く自動運転車に乗り換えなさい、子どももいるんだから」という妻からの圧力を受けているらしい。

「そろそろ自動運転車にするか、いい歳だし」。

あとがき

自動運転は鉄腕アトムの先祖

私が自動運転の研究に携わるようになってまもなく12年になる。12年前はまだ学術的な研究色が強く、自動運転といっても夢のまた夢、映画やアニメの乗り物とされていた。私はもともと、鉄腕アトムのようなロボットや人工知能を作ってみたいという漠然とした想いで大学に進学した。当時の私は、高校までの積み上げ学習に食傷気味で、今後は鉄腕アトムを作るために役立つこと以外はしない、と鼻息が荒かった。

進学した大学は、学部の方針として大学一年生から、しかも複数の研究室の活動に参画できた。そこで、最初は人工知能関係の研究室とともに、当時自動車免許を取ったこともあって、電気自動車と自動運転の研究を行う清水浩・大前学研究室に興味本位で参画した。そして、人工知能の研究室を辞めて、清水浩・大前学研究室で自動運転の研究に傾倒していくこととなる。

実は私には、この頃から変わらない自動運転に対する特別な想いがある。それは、「自動車の自動運転は鉄腕アトムの先祖である」ということである。自動車という機械は、数多ある機械の中でも特別な存在である。これだけ機械に対する安全危機管理が重要視される中で、一つ運用を誤れば人を死に至らしめるほどの出力を有しながら、特別な知識を持たない一般人の生活圏と同じ環境で共存している。また、工場の工作機械などに比べて複雑な運用を必要とするにもかかわらず、比較的簡単な試験を通過すれば数年に一回の講習だけで免許を取得し、維持し続けられるのだ。これは、安全危機管理が確立される前から、人間にとって不可欠である移動手段として存在していたからこそ成り立つ例外であり、仮に今、自動車という乗り物が発明されれば実用化されることはなかっただろう。

ロボットや人工知能と呼ばれる製品を思い浮かべてほしい。たとえば掃除ロボットには人間を傷つけることがないように十分に出力が制限されているし、大きな出力を持つ工場のロボットは運用範囲が大きく制限され、人間の活動圏と分離されている。このような自動車に与えられた特別な例外が、交通事故という悲劇を生む大きな社会的課題となっていることを忘れてはならない。

しかし視点を変えれば、自動車は人間と機械が共存するために起こる課題に真っ向から向き合える唯一のフィールドになっている。鉄腕アトムは十万馬力とアニメの中でも比較的高出力に設定されているが、それ以外のアニメや映画で登場する多くのロボットも、人間の生活空間で支障なく人間に有益な活動ができるのだから、誤れば人を傷つけるくらいの出力は持っているに違いない。つまり、アニメや映画の中の夢のロボットの姿は、自動車というフィールドで人間と機械の共存を確立させない限り、成し得ないのだ。

現在の自動運転分野は、運転支援型か、完全自律型か、という議論が絶えない。果たして完全自律型自動運転は実現できるのか。運転者が存在し責任の所在を運転者にしない限り自動運転は実現できないのではないか。しかし私は、「完全自律型」すなわち無人でも運用可能な自動運転をあきらめない。完全自律型を実現するということは、単に自動車交通を変えるだけではなく、社会全体に影響を与える力を持つということは本書で述べた。しかし、本当に重要なのは、その次の鉄腕アトムの実用化時代を切り拓く基盤となることである。首輪とリードをつけた鉄腕アトムでは本当の価値を引き出せない。

最近の自動車研究分野では、自動運転と人工知能を組み合わせる考え方が発達してきた。鉄腕アトム誕生への道はもうすでに築かれつつある。鉄腕アトムのようなロボットが多くの映画やアニメの中で描かれるように、その価値の大きさを疑う人はほとんどいないだろう。つまり、完全自律型自動運転の流れに乗り遅れるということは、人間共存型ロボットの普及社会という、おそらく今後百年にわたる時代に悪影響を及ぼすことになりかねない。

本書は、映画やアニメで夢のロボットを描くのが得意である日本が、実際の社会でも他国に先駆けて発展することを願う想いをもとに執筆した。今後も日本における完全自律型自動運転、あるいはその後のロボットの実現に貢献するよう活動を進めていきたい。なお、「まえがき」でも述べたが、近年の自動運転分野の活発化によって新たに生まれたプレイヤー、そして今後自動運転分野やロボット分野に興味のある学生も対象にするため、専門的な内容は極力排してわかりやすさ重視で説明したので、さらに詳しく、正確に知りたい場合は他の専門書も読むことを強くお勧めする。

最後に、私が自動運転の分野を志すきっかけとなった、慶應義塾大学環境情報学部の名誉教授清水浩先生、教授大前学先生に御礼を申し上げる。清水先生には、研究活動に対する考え方や情熱を学び、本書の執筆を決意する後押しをいただいた。大前先生には、学生時代から自動運転に関する広範な知識をはじめ、自動運転技術に対する知見やノウハウをご教示いただいた。東京理科大学の教授溝口浩先生、准教授竹村裕先生には二年弱にわたり、自由な研究活動をご支援いただいたことに御礼を申し上げる。本書の着想は、この時期に得たものである。群馬大学の教授山口誉夫先生、教授藤井雄作先生、教授太田直哉先生、教授板橋英之先生、准教授丸山真一先生をはじめ教職員の皆様に御礼を申し上げる。皆様には私の自動運転に関する研究活動に対してさまざまな点でご教示とご支援をいただいている。そして、本書の編集を担当していただいた日本評論社の佐藤大器氏およびサイテック・コミュニケーションズの片寄正史氏、多気田亜希子氏に御礼を申し上げる。佐藤氏には、本書の執筆において度重なる執筆の遅れにお付き合いいただいた。本書の校正を手伝ってもらった両親と奥山美緒さんに御礼を申し上げる。本書はこれまで私と自動運転について議論した、すべての人のおかげで成り立っている。

２０１７年１月16日

小木津武樹

(13) V. Graefe：Vision for Intelligent Road Vehicles, Proc.IEEE Intelligent Vehicles '93 Symposium, pp.135-140, 1993
(14) K.S. Chang *et al.*：Automated Highway System Experiments in the PATH Program, IVHS Journal, Vol.1, No.1, pp.63-87, 1993
(15) B. Ulmer：VITA II - Active Collision Avoidance in Real Traffic, Proc. the Intelligent Vehicles '94 Symposium, pp.1-6, 1994
(16) S. Tsugawa, S. Kato, and K. Aoki：An Automated Truck Platoon for Energy Saving, IEEE/RSJ International Conference on Intelligent Robots and Systems 2011 (CD-ROM), 2011
(17) HAVEit Final Report、2011年9月23日
(18) R.M. Yerkes and J.D. Dodson：The Relation of Strength of Stimulus to Rapidity of Habit-formation, Journal of Comparative Neurology and Psychology, 18, pp.459-482, 1908
(19) 金沢大学計測制御研究室、http://its.w3.kanazawa-u.ac.jp/
(20) 慶應義塾大学SFC大前研究室、http://web.sfc.keio.ac.jp/~omae/index.html
(21) 慶應義塾大学コ・モビリティ社会の創成、http://www.co-mobility.com/
(22) 東京大学生産技術研究所次世代モビリティ研究センター、http://www.its.iis.u-tokyo.ac.jp/index_j.html
(23) 同志社大学モビリティ研究センター、http://mrc.doshisha.ac.jp/index.html
(24) モビリティ部門名古屋COI拠点、名古屋大学未来社会創造機構、http://www.coi.nagoya-u.ac.jp/develop/center/mobility
(25) 群馬大学、http://www.gunma-u.ac.jp/

参考文献

(1) 大前学ほか「自動車の自動運転システム利用時における操舵制御異常に対するドライバ反応時間の評価」『自動車技術会論文集』、Vol.36、No.3、157-162、2005年

(2) 津川定之「自動運転システムの展望」IATSS Review、Vol.37、No.3、199-207、2013年

(3) 津川定之「自動車の自動運転技術の変遷」『自動車技術』Vol.60、No.10、pp.4-9 、2006年

(4) 津川定之「自動車の自動運転システム——自動車とロボットの接点」『自動車技術』Vol.64、No.5、pp.25-30、2010年

(5) L.E. Flory *et al.*：Electric Techniques in a System of Highway Vehicle Control, RCA Review, Vol.23, No.3, pp.293-310, 1962

(6) H.M. Morrison, *et al.*：Highway and Driver Aid Developments, SAE Trans. Vol.69, pp.31-53, 1961

(7) R.E. Fenton *et al.*：One Approach to Highway Automation, Proc.IEEE, Vol.56, No.4, pp.556-566,1968

(8) P. Drebinger *et al.*：Europas Erster Fahrerloser Pkw, Siemens-Zeitschrift, Vol.43, No.3, pp.194-198, 196

(9) Y. Ohshima *et al.*：Control System for Automatic Automobile Driving, Proc.IFAC Tokyo Symposium on Systems Engineering for Control System Design, pp.347-357, 1965

(10) 谷田部ほか「ビジョンシステムをもつ車両の自律走行制御」『計測と制御』総合論文、Vol.30、No.11、pp.1014-1028、1991年

(11) S. Tsugawa *et al.*：An Intelligent Vehicle with Obstacle Detection and Navigation Functions, Proceedings of International Conference on Industrial Electronics, Control and Instrumentation, pp.303-308, 1984

(12) C. Thorpe *et al.*：Vision and Navigation The Carnegie Mellon Navlab, Kluwer Academic Publishers, 1990

索 引

数字・アルファベット

あ

か

さ

小木津武樹（おぎつ・たけき）
1985年8月7日生まれ。慶應義塾大学環境情報学部に入学後、同大学大学院政策・メディア研究科にて修士課程、後期博士課程を修了。博士（学術）。
2014年4月から2016年1月まで東京理科大学理工学部機械工学科助教。2016年2月から現在まで群馬大学大学院理工学府助教。同年12月から群馬大学次世代モビリティ社会実装研究センター副センター長。大学時代から一貫して自動車の自動運転に関する研究活動を推進。自動運転の実証実験や実車デモの経験多数。

「自動運転《じどううんてん》」革命《かくめい》

ロボットカーは実現《じつげん》できるか？

発行日　2017年3月15日　第1版第1刷発行

著　者　小木津武樹
発行者　串崎　浩
発行所　株式会社 日本評論社
170-8474　東京都豊島区南大塚3-12-4
電話　03-3987-8621（販売）　03-3987-8599（編集）
印　刷　精文堂印刷
製　本　難波製本
装　幀　妹尾浩也

ISBN978-4-535-78791-9